科学养羊实用技术

KEXUE YANGYANG SHIYONG JISHU

◎ 张良斌　张仙保　主编

中国农业科学技术出版社

图书在版编目（CIP）数据

科学养羊实用技术 / 张良斌，张仙保主编 . --北京：中国农业科学技术出版社，2021. 2

ISBN 978-7-5116-5204-1

Ⅰ. ①科… Ⅱ. ①张…②张… Ⅲ. ①羊-饲养管理 Ⅳ. ①S826

中国版本图书馆 CIP 数据核字（2021）第 034062 号

本书由内蒙古自治区科技创新引导项目“草原戈壁短尾羊育种及关键技术集成应用”和内蒙古自治区农牧业科学院青年创新基金项目“优质肉羊鲜精保存技术的研发”（2018QNJJM10）支持。

责任编辑 李冠桥
责任校对 马广洋
责任印制 姜义伟 王思文

出 版 者 中国农业科学技术出版社
北京市中关村南大街 12 号 邮编：100081
电 话 (010)82109705(编辑室) (010)82109702(发行部)
(010)82109709(读者服务部)
传 真 (010)82106625
网 址 http://www.castp.cn
经 销 者 各地新华书店
印 刷 者 北京中科印刷有限公司
开 本 170 mm×240 mm 1/16
印 张 13 彩插 12 面
字 数 170 千字
版 次 2021 年 2 月第 1 版 2021 年 2 月第 1 次印刷
定 价 60. 00 元

《科学养羊实用技术》

编委会

主　　编：

张良斌（包头市农牧业科学研究院）

张仙保（包头市农牧业科学研究院）

副 主 编：

丁跃胜（包头市家畜改良工作站）

柴　局（包头市农牧业科学研究院）

张新杰（包头市农牧业科学研究院）

参编人员（按姓氏笔画排列）：

王文清（土默特右旗畜牧业技术推广中心）

王建军（包头市农产品质量安全检验检测中心）

王亮明（包头市农牧业科学研究院）

王雪峰（包头市农牧业科学研究院）

牛　峰（内蒙古自治区农业广播电视学校包头分校）

孔繁琪（包头市农牧业信息中心）

布鲁呼木图（包头市农牧业科学研究院）

刘　丹（包头市农牧业科学研究院）
刘自运（包头市九原区畜牧水产服务中心）
杜子文（包头市家畜改良工作站）
李　桐（包头市动物疫病预防控制中心）
李彦欣（固阳县农业技术推广中心）
赵启南（内蒙古农牧业科学院）
郝林峰（包头市家畜改良工作站）
胡　雪（包头市农牧业科学研究院）
贺心康（包头市九原区畜牧水产服务中心）
班晓敏（包头市动物疫病预防控制中心）
贾保中（包头市家畜改良工作站）
栾兆进（包头市农牧业科学研究院）
高振江（包头市农牧业科学研究院）
郭　峰（包头市农牧业科学研究院）
彭月娥（包头市农牧业科学研究院）
薛　楠（包头市昆区农牧局乡村振兴办公室）
魏雪康（包头市农牧业信息中心）

前　言

肉羊的养殖在我国具有悠久的历史，但长期以来都以生产羊毛为主，直到20世纪80年代才转变为以肉用为主。随着2015年农业部推出《全国肉羊遗传改良计划（2015—2025年）》，肉羊生产开始进入加速发展状态。虽然我国是世界上第一养羊大国，但地区之间的发展水平还有较大的差异，养殖场标准化、规模化水平参差不齐，优质肉羊品种和先进繁育技术的应用推广有限，这些问题都严重影响了我国肉羊产业的发展。

本书致力于推广标准化肉羊饲养模式，提升养殖水平。通过介绍国内外肉羊产业的发展情况、肉羊品种、肉羊的饲养管理技术、肉羊繁育技术、羊舍的建设及疾病预防，帮助养殖场（户）选择适合的肉羊品种和饲养方式，辅以现代繁殖和疫病防控技术，从而提高养殖效益。

本书是在查阅了大量的文献资料、结合编者肉羊养殖实际工作经验，并在多名专家指导下完成的，对肉羊养殖具有一定的指导意义。由于时间仓促，本书疏漏及不妥之处在所难免，恳请广大读者批评指正。

编　者

2020年12月

目　　录

第一章　国内外肉羊产业发展现状

第一节　国内外肉羊生产发展现状

养羊业是畜牧业的一个重要组成部分，不仅为毛纺织工业提供了生产的原料，也为人们提供了可口的羊肉。随着我国畜牧产业结构的调整、城乡人民的生活质量和消费水平的提高，以及国内外对羊肉的需求量不断增加，有力地推动了养羊业的进一步发展。羊肉以其鲜嫩、多汁、味美、营养丰富且胆固醇含量低等特点，愈来愈受到消费者的青睐。特别是近些年国内市场对优质羔羊肉需求量的不断增长，加快了肉羊业的迅速发展。目前，我国先后引进的肉羊品种有：无角多赛特羊、萨福克羊、夏洛莱羊、特克塞尔羊、波德代羊、德国美利奴羊、杜泊羊、波尔山羊等，这些品种是低脂肪、低胆固醇的理想肉类。羊肉具有性温热、补气滋阴的功效，在中国被誉为“保健功能食品”。随着人民生活水平的提高和中国肉羊业的发展，中国人均羊肉消费量还会有一定的增长空间。

作为世界上第一养羊大国，中国的绵羊和山羊的存栏量、出栏量，以及羊肉的产量均为世界第一，但与肉羊生产第一大国很不相称的是，我国是肉羊产业国际贸易的小国，国际市场占有率不足 1.5%。让我国本土优质肉羊品种走出国门，在国际市场上打造优势品牌，是我国肉羊产业化发展的中长期目标。在国际肉羊产业化的发展道路上，我们仍然任重而道远。

第二节　国内肉羊主产区发展现状

肉羊生产在我国主要划分为四个区域，包括中原肉羊优势区域、中东部农牧交错带肉羊优势区域、西北肉羊优势区域和西南肉羊优势区域，共涉及 20 个省（区、市）。在各优势产区内，肉羊生产分布有所差异。整体来看，我国羊存栏数量保持较为稳定的增长态势，四大优势产区羊存栏数量趋于稳定，并且优势产区内各主产省份所占比例较大。自 1995 年已来，四大优势产区的 20 个省（区、市）羊存栏数量占全国比例一直保持增长趋势，其中内蒙古、新疆、甘肃、宁夏等主要牧区和山东、河北、河南、四川等主要农区是羊存栏的绝对主体，是肉羊产业发展的重点优势区，从四大优势产区存栏在全国所占比例大小来看，由大到小依次为中东部农牧交错带优势区、中原优势区、西北优势区和西南优势区。2010 年以来，中东部农牧交错带优势区与中原优势区占比呈现逐年下降趋势，西北优势区与西南优势区占比则呈现上升态势。各优势产区内各省（区、市）羊存栏数量差异较大，且各区内主产省（区、市）集中度较高。从优势产区单省（区、市）存栏比较来看，存栏量最大的牧区是内蒙古、新疆、甘肃，存栏量最大的农区是山东、河南、四川。

我国东北地区肉羊主要以东北细毛羊为主，近些年又引入了小尾寒羊进行杂交，这些地方品种抗逆性和繁殖率等特性较强，但产肉量较低、肉品质较差，缺乏国际市场竞争力。近年来，从国外先后引进了萨福克、无角多赛特、杜泊羊等优良品种，进行纯种扩繁及杂交改良。利用引进优质肉羊品种，与之开展广泛杂交以提高产肉性能，并且通过胚胎移植技术进行纯种快速繁育，对于增强肉羊业的国际竞争能力、增加农牧民收入，促进肉羊产业化进程具有重大的战略意义。

内蒙古自治区（简称内蒙古）拥有辽阔的地域以及丰富的牧草资源，这些优点都为畜牧业的发展提供了较为有利的条件，畜牧业在内蒙古具有悠久的历史，通过已有的丰富生产经验与现今优质畜牧生产技术不断结合，以及不断引进区外的优良品种，为内蒙古当地的农牧民培育出适宜本地区气候环境条件的优质肉羊品种。通过不断发展，内蒙古的养羊业已经形成了具有当地特色的肉羊生产体系。2018 年，内蒙古肉类总产量为 260 多万吨，在全国各省（区、市）肉羊产量排名第 1，其中羊肉、羊毛、羊皮以及羊绒等羊副产品产量位居全国首位，内蒙古羊肉总产量为 80 多万吨，占全国羊肉总产量的 22. 32%。

新疆维吾尔自治区（称简新疆）自然条件优越，草原面积辽阔，是我国五大牧区之一，肉羊产业历史悠久，已成为新疆发展农村经济的一项重要支柱产业，关乎数百万牧民持续增收，关乎中游的羊肉加工业和下游的羊肉流通。新疆也是羊肉重要的消费地，羊肉是该区域消费的必需品，具有刚性需求。近年来，随着肉羊养殖技术的进步和饲养管理方式的改进，新疆肉羊产业发展取得了明显成效，出栏量位居全国第2，小规模肉羊养殖场减少，规模化养殖场不断增加，规模化趋势明显。新疆以绵羊饲养为主，山羊饲养为辅，绵羊和山羊饲养数量整体呈增长态势，但两种肉羊的饲养数量在全国的比例整体持平。新疆的肉羊养殖成本一直处于上升趋势，然而净利润却波动剧烈。从羊肉生产环节来看，2010—2014年新疆羊肉总产量和年均羊肉产量占十大省份（区）总量的比例均一直处于上升态势。羊肉消费方面，与猪肉、牛肉、禽肉相比，羊肉一直是新疆地区人均消费量最多的肉类。就价格而言，新疆羊肉价格与全国走势一致，在2010年之后，呈迅速上升的态势。

甘肃省具有得天独厚的饲草料资源优势和地理优势，是全国重要的肉羊生产基地，具有悠久的羊产业文化。自20世纪60年代起，毛纺织业发展迅速，新型纺织材料层出不穷，市场对于羊毛的需求量急剧下滑，受到市场冲击的羊产业开始转变，从毛用型羊品种逐渐转变为肉用型羊品种，肉羊养殖成为农牧民增加收益、提高生活水平的重要产业。一个产业的转变往往会带动或产生其他产业，饲料、育种、屠宰、加工、销售等行业也随之得到了长足发展。在改革开放以后，肉羊产业在甘肃省各级政府和社会各界的努力下，发展迅猛，存栏量从1980年的1 187.50万只增长到2018年的1 885.8万只，增加了59%，羊肉产量从1980年的1.22万吨飙升到2016年的23.6万吨，增长了将近19倍。把肉羊存栏量和羊肉的产量做对比，可以侧面反映出甘肃省肉羊业生产效率提升巨大。但是这种低水平、规划混乱、盲目追求经济价值的发展方式对生态环境造成了巨大破坏。21世纪以来，为了遏制水土流失和推行农牧业的可持续发展，中央推出了“退耕还林”“退牧还草”等一系列政策，对以放牧为主要饲养方式的甘肃省肉羊业产生了巨大改变。

第三节　我国现代肉羊繁育技术发展现状

随着分子生物学和基因组学等新兴学科的飞速发展，动物育种计划和动物分子遗传学研究取得了大量的突破性成果，动物育种已从传统的育种方法朝着快速改变动物基因型的分子水平方向发展，分子育种已逐渐成为肉羊育种的趋势和主流。通过采用杂交改良、品系选育等技术，实现绵羊、山羊品种的不断改良和杂种优势的利用。自20世纪50年代以来，我国绵羊遗传改良大致经历了3个阶段：第一阶段以本地品种选育为主，选优和提纯了滩羊、湖羊等一批地方品种；第二阶段引入国外优良品种、杂交改良地方品种和新品种培育并重，制定出不同地区肉羊的选育方向，地方品种的选育由外形一致转向产品质量提高；第三阶段是从2000年以后生产方向由毛用向肉用方向改变，形成“以肉为主，肉主毛从，肉毛兼顾，综合开发”的生产方向，基本形成了中原、内蒙古中东部、东北、西北及西南5个肉羊优势区域的生产格局。我国养羊业成为畜牧行业中发展最快的产业。

目前，肉羊育种已进入分子育种与传统育种技术有机结合的新阶段。譬如利用BLUP（最佳线性无偏预测）方法、遗传标记辅助选择进行选种，可提高选种准确性；采用MOET技术（超数排卵胚胎移植技术）进行快速扩繁，有助于提高育种效率。在绵羊高繁殖力性状育种方面，随着分子数量遗传学中绵羊基因图谱和QTL（数量性状基因座）研究的推进，人们对绵羊繁殖性状遗传机制的认识也更加深入，并不断将之应用于育种实践，从而提高了选种的效率和选种的准确性。自阐明了绵羊多胎基因（*FecB*）的性状以来，识别和分析主基因的工作已成为绵羊育种研究的重要特征。在国外，影响排卵率的类似基因已有报道，而且已经尝试探索这种变异的机制并使其渗入到其他品种和羊群中。对影响羊免疫功能、羊肉品质遗传基础的进一步认识，使羊育种不再停留在单纯提高个体生产性能上，品质育种、抗病育种将成为羊育种的重要内容。国内测试的*FecX*基因是在罗姆尼羊上发现的高繁殖力突变基因，被定位于性染色体上。目前，已经研究确认的高繁殖力*FecB*基因和*FecX*基因均已达到实际应用的程度。分子育种克服了传统育种方法周期长、预见性差、准确率低的局限性，提高了选择效率，显示出越来越强大的生命力，逐渐成为肉羊育种的趋势和主流。通过各种现代生物技术综合运用，结合传统的育种方法，可以大大加快育种进程。

家畜的超数排卵和胚胎移植基本过程包括：供受体的选择、

供体的超排处理及配种、受体的同期发情处理、胚胎回收、检卵和移植。胚胎移植技术能够有效地提高优良母畜的繁殖潜力、加速品种改良、迅速扩大良种畜群的手段，是家畜繁殖学领域的一项高新生物技术。在我国，这一技术的起步较晚，1974 年、1978 年和 1980 年分别在绵羊、奶山羊和奶牛上获得成功，并在 20 世纪 80 年代后期至 90 年代初，胚胎移植技术开始在生产中应用。

同期发情和超数排卵是家畜胚胎移植技术中的两个至关重要的环节。同期发情在畜牧业生产中具有十分重要的意义，可以促进冷冻精液更广泛应用，使人工授精成批集中定时进行，改进家畜发情周期及发情表现以提高繁殖力。胚胎移植成功的重要关键技术是通过同期发情，使供受体母畜的生殖器官处于相同的生理状态，提供胚胎正常发育的生理环境；通过人为地控制母畜同期发情，研究其繁殖生理，可以揭示发情母畜体内的生理调节机理。

人工授精技术和精液冷冻技术的应用，成百倍、上千倍地提高了优秀种公畜在品种改良中的作用，而母畜在品种改良中的作用总是受产羔率和世代间隔的限制。正常情况下，母畜卵巢内的卵母细胞能排卵的不到 0.1%，排出的卵母细胞中又有许多不会发育成仔畜。卵巢中闭锁卵泡内的卵子不能被利用，这就限制了优秀母畜后代数量的扩大。采用超数排卵技术就有可能使那些闭锁卵泡内的卵子得以利用，使每次排卵由 1～3 个增加至 10～20 个，达到充分利用卵母细胞资源的目的。通过超数排卵和人工授精，可产生优秀个体的大量胚胎，再把这些胚胎移植给受体，就可以使优秀血统母畜的后代数量迅速增加，缩短世代间隔，增加选择强度，充分发挥优良母畜在育种中的作用，加速育种进程。超数排卵反应良好的供体，一次超排处理所获得的胚胎，移植后有可能获得其终生繁殖后代的总和。

第二章　国内外优良肉用绵羊品种介绍

第一节　无角多赛特羊

无角多赛特羊原产于英国，在澳大利亚和新西兰饲养很多（图 2-1）。该品种是以雷特羊和有角多赛特羊为母本，考力代羊为父本进行杂交，杂种羊再与有角多赛特公羊回交。无角多赛特羊继承了有角多赛特羊性成熟早、生长发育快、全年发情、耐热及适应干燥气候的优良特点，羊体质结实，头短而宽，公母羊均无角，颈短粗，胸宽深，背腰平直，后躯丰满，四肢粗短，整个躯体呈圆桶状，面部、四肢及被毛为白色，性情温顺易管理。

无角多赛特成年公羊体重可达 100～120 千克，母羊 60～80 千克，毛纤维细度 27～32 微米，毛纤维长度 7.5～10 厘米，产毛量 2.0～3.0 千克，产羔率 140%～160%。经过肥育的 4 月龄羔羊的胴体重，公羊为 22.0 千克，母羊为 19.7 千克，前胸凸出，胸深且宽，肋骨开张，背宽，后躯丰满，从后面看后躯呈倒“U”字形。由于母羊为非季节性繁育，可常年进行肉羊生产。在新西兰，该

图 2-1 无角多赛特羊

品种用作生产反季节羊肉的专门化品种。

20 世纪 80 年代以来，新疆、甘肃、北京、河北等地和中国农业科学院北京畜牧兽医研究所等单位，先后从澳大利亚和新西兰引入无角多赛特羊。1989 年，新疆从澳大利亚引进纯种公羊 4 只，母羊 136 只，在玛纳斯南山牧场的生态经济条件下，采取了春夏秋季全放牧，冬季 5 个月全舍饲的饲养管理方式，收到了良好的效果。羊群基本上能较好地适应新疆的草场条件，不挑食，采食量大，上膘快，但由于腿较短，不宜在坡度较大、牧草较稀的草场放牧，转场时也不可驱赶太快，每天不可走较长距离。这些羊对某些疾病的抵抗力较差，尤其是羔羊，羔羊脓疱型口膜炎、羔羊痢疾、网尾线虫病、营养代谢病的发病率和死亡率较高。甘肃省永昌肉用种羊场，于 2000 年初，从新西兰引进无角多赛特品种 1 岁公羊 7 只，母羊 38 只，该品种羊对以舍饲为主的饲养管理方法适应性良好。3. 5 岁公羊体重 125. 6 千克，母羊 82. 46 千克，产羔率 157. 14%，繁育成活率为 121. 20%。根据陈维德等研究的资料，在新疆用无角多赛特公羊与伊犁、阿勒泰等8个地区的低代细毛杂种羊、哈萨克羊、阿勒泰羊、蒙古羊、卡拉库尔羊和当地土种粗毛羊杂交，一代杂种具有明显的父本特征，肉用型明显。在巴音郭楞蒙古自治州种畜场，无角多赛特羊杂一代5月龄宰前活重34.07千克，胴体重17.47千克，净肉重14.11千克，屠宰率45.85%，胴体净肉率80.0%，与同龄的阿勒泰羔羊相比，胴体重低0.99千克，但净肉重却高1.91千克。用无角多赛特品种公羊与小尾寒羊杂交，一代杂种体重公羊6月龄40.44千克，1岁体重为96.7千克，2岁体重为148千克。母羊上述各龄体重指标相应为：35.22千克、47.82千克和70.17千克。6月龄羔羊宰前活重44.41千克，胴体重24.20千克。剪毛量：一代周岁母羊为223.8%，二代母羊为200.0%，接近母本，显著高于父本。在甘肃河西走廊农区，用无角多赛特公羊与当地蒙古羊杂交，一代杂种6月龄体重公羊为38.89千克左右，母羊为36.55千克左右，8月龄时体重相应的为42.50千克左右和40.40千克左右，周岁时相应的为46.92千克左右和43.45千克左右，与当地同龄土种羊相比，分别提高54.69%、80.32%、53.76%、75.65%、53.84%和65.08%。无角多赛特公羊与当地土种母羊杂交一代杂种4月龄羔羊，宰前活重为31.39千克，胴体重为16.19千克，净肉重为13.24千克，每只杂种羊比当地同龄土种羊多增收99.22元，用无角多赛特羊与小尾寒羊杂交，一代杂种4月龄羔羊，宰前活重37.44千克，胴体重19.50千克，净肉重16.28千克，屠宰率52.08%，净肉率为83.48%，与相同饲养管理条件下育肥的同龄小尾寒羊相比，宰前活重、胴体重和净肉重分别提高 12.94%、13.64%和 15.79%。用无角多赛特公羊与小尾寒羊和当地母羊杂交的一代母本配种，多赛特三元杂交二代初生重为 4.41 千克，4 月龄重为 20.89 千克，10 月龄重为 49.92 千克，产羔率为 154.0%。二代杂种羊是本地土种羊的 182.56%，效果相当显著。

近年来，随着人们生活水平的提高和肉食结构的变化，国内外市场对羊肉的需求量日益增加。尤其在加入 WTO 以后，我国的羊肉产品可以直接参加国际竞争，出口创汇，这些都为肉羊的发展创造了巨大的空间。当前，我国肉羊养殖的热潮方兴未艾，如何引导我国肉羊业向高产、优质、高效、低耗的可持续方向发展，并获得最佳的经济效益和社会效益，已经成为政府有关部门和科技工作者必须面对和解决的问题。在羊肉产业化中，引入优良品种来培育我国肉用羊品种，和肉用羊品种的杂交利用，成为肉羊产业化中的关键环节。无角多赛特具有适应干燥气候的特点，对我国北方的广大地区有很好的适应性，因此引用无角多赛特来培育肉羊品种和杂交利用，是选择杂交父本时的首选之一，在我国具有广阔的利用前景。

第二节 萨福克羊

萨福克羊是 19 世纪初培育出来的新品种，是优良的肉用型绵羊品种（图 2-2）。它原产于英格兰东南部的萨福克郡，由南丘羊和当地的诺福克羊杂交而成，是主要的终端杂交优良父本品种。

该羊具有早熟、产肉多、肉质好和屠宰率高等特点，是美国和英国用作终端杂交的主要公羊，现主要分布在欧洲、北美洲、大洋洲以及亚洲的一些国家和地区。

萨福克羊体躯高大、强壮，是目前世界上体型、体重最大的肉用品种，体质结实，结构匀称，公母羊均无角，头、四肢为黑色，背为白色，颈粗短，背腰平直，胸宽深，肌肉丰满，后驱发育好，侧视呈长方形，肉用体型明显。

图 2-2 萨福克羊

萨福克羊体格大，生长发育速度快，一般成年公母羊体重分别为 110～130 千克和 70～90 千克。萨福克公母羔出生重分别为 5.2 千克和 4.5 千克左右，月龄重分别为 13.5 千克和 13.1 千克左右，周岁公母羊体重分别为 114.2 千克和 74.8 千克左右，2 岁公母羊体重分别为 129.2 千克和 91.2 千克左右，3 岁公母羊体重分别为 138.5 千克和 96.8 千克左右。萨福克羔羊 70 日龄前的日增重可达 300 克。

萨福克羊产肉性能好，屠宰率和净肉率高，在草场适宜的条件下，屠宰率超过一半。萨福克羊4月龄平均体重为47.7千克，屠宰率为50.7%，7月龄平均体重为70.4千克，胴体重为38.7千克，屠宰率为54.97%，胴体瘦肉率高；羔羊肉质细嫩，味道鲜美，肌肉横断面呈大理石样花纹。

20世纪70年代，我国首次从澳大利亚引进萨福克羊，以后又相继从新西兰引进了萨福克羊。目前，萨福克羊主要分布在我国新疆、内蒙古、宁夏、甘肃、山西、陕西、河北、吉林和山东等地。

在国内引入萨福克羊的大部分地区，都对其进行了不同程度的驯化，如今，该品种羊适应了不同地区的自然条件，并能遗传原有的优良基因，大量繁殖后代，实现了和本地品种进行杂交、优化的目标。近几年，新疆阿克苏市、乌苏市以及昌吉回族自治州玛纳斯县积极开展肉羊杂交改良生产，取得了明显的杂种优势成效。新疆畜牧研究所在昌吉回族自治州建立了“萨福克阿勒泰大尾羊、陶赛特阿勒泰大尾羊、陶赛特细毛羊”的优势杂交组合并进行推广；在阿克苏地区建立了萨福克羊与多浪羊、萨福克羊与新疆卡拉库尔羊的配套生产模式。在同等饲养条件下，杂交羔羊5月龄增重比地方品种羔羊多5~8千克。广大农牧民看到了改良的实效，参与肉羊改良的主动性和积极性明显提高，不少县市的改良率达到60%以上。

第三节　特克赛尔羊

特克赛尔羊源于荷兰北海岸的特克赛尔岛的老特克赛尔羊，

19世纪中期引入林肯和莱斯特与之杂交育成（图2-3）。具有肌肉发育良好，瘦肉多等特点，为典型的“双肌臀”绵羊。产羔率高，早期生长发育快，母性好，耐粗饲，抗病力强，对寒冷的气候有良好的适应性。羔羊肉品质好，肌肉发达，瘦肉率和胴体分割率高，市场竞争力强。现在北欧、澳大利亚、新西兰、美国、秘鲁和非洲等国家和地区有大量饲养，被用于肥羔生产。我国自20世纪90年代开始从德国引入，主要用作经济杂交生产羔羊的父本，现主要分布于黑龙江、内蒙古、宁夏等省（区），效果良好。

图2-3　特克赛尔羊

特克赛尔羊头大小适中，清秀无长毛，公、母羊均无角，鼻端、眼圈为黑色，颈中等长，鬐甲宽平，胸宽，背腰平直而宽，肌肉丰满，后躯发育良好。

成年公羊体重110~130千克，成年母羊体重70~90千克。剪毛量5~6千克，净毛率60%，毛长为10~15厘米，毛细度为50~60支。生长发育快，早熟，羔羊70日龄前平均日增重为300克，在适宜的草场条件下，120日龄的羔羊体重可达40千克，6~7月龄达50~60千克。繁殖性能好，母羔7~8月龄便可配种繁殖，产羔率为 150%~160%，高的可达 200%。

为提高胴体瘦肉率，20 世纪 70 年代后期英国从荷兰和法国引进特克赛尔羊，该品种开始作为杂交母本，但由于其生长速度快、有很高的胴体瘦肉率、杂种优势明显而成为杂交终端父本。特克赛尔作为杂交终端父本，不仅是英国目前公羊存栏量最大的品种，也是当地纯种母羊存栏量最多的品种。特克赛尔母羊存栏量 39. 2 万只(其中参与配种的母羊 32. 6 万只)，占英国所有纯种母羊的 2. 1%。

在 2~3 月龄可采取适当的措施加强特克赛尔羔羊的饲养管理，以延长快速生长期，充分利用生长高峰，保证羔羊的早期快速生长。对断奶后的特克赛尔羔羊需加强饲养管理，进行补饲，促进羔羊消化系统充分发育，确保羔羊从母乳到饲草饲料顺利过渡。特克赛尔种公羊与多寒母羊（无角多赛特公羊与小尾寒羊母羊杂交子一代）杂交产生的三元羔羊和多赛特种公羊与小尾寒杂交一代羔羊相比较，体高、体长两指标提高不明显，胸围显著增加，管围增加明显，充分改变小尾寒羊体狭窄、肋骨开张度小的缺点，肉用生产性能接近父本。在国内多地进行适应性育肥，都表现出较强的适应性和生长发育性。通过与藏羊的杂交实验发现，具有较明显的杂种优势，杂种后代羊可塑性大，许多经济性状易受环境条件影响，尤其对饲养管理条件要求相对提高，为使杂交后代表现出较高的生产性能，必须加强饲养管理，从而满足杂种羊生长发育的营养需求，以创造更高的经济价值。也为培育新的良种羊创造条件。杂交后代不论在出生后的生长发育各阶段体重和体尺，还是出栏时体重、胴体重、屠宰率等指标，除体高外，都明显优于当地羊，是一种理想的杂交父本。

第四节　杜泊羊

杜泊羊原产于南非共和国，是由无角多赛特和黑头波斯杂交组合，经大量杂交选育工作而成的肉用新品种羊（图 2-4）。之后育种学家打破了以遗传毛色为瓶颈的选育条件，而以体形和各种生产性能作为选育基准，到 1964 年时形成统一标准，以这两种体色组成一个杜泊羊品种和两个体色品系。研究表明，杜泊羊的黑头白体躯和白头白体躯两个品系，两者在外形特征、生长发育、生产性能及适应性等方面无大的差异。

图 2-4　杜泊羊

外形特征：杜泊羊体格大，体质坚实，肉用体型明显；公母羊均无角或短角，耳相对较小，向前侧下方倾斜；颈较粗短，肩宽厚；整个体躯类似圆桶形，后躯发达丰满；四肢细短，蹄质坚实。杜泊羊生产力高，生长发育速度快，胴体肉质好，中等营养水平条件下，羔羊初生重为 3.5～4.5 千克，高营养水平时可达 4.5～5.5 千克或以上，100 日龄时体重高者可达到 30～35 千克。有研究结果表明，杜泊羊 3 月龄前日增重可达 300 克左右，4～8 月龄杜泊羊公羊平均增重为 7.6 千克，母羊平均增重为 6.0 千克。成年公羊体重在 120 千克左右，母羊 85 千克左右。从澳大利亚引进的杜泊羊胚胎繁育的后代生长发育结果和原产地杜泊羊生长发育资料相比无明显变化。杜泊羊繁殖力强，不受季节限制，可常年繁殖，发情主要集中于秋季，且发情症状明显。一般公羊 6～8 月龄性成熟，母羊 5～6 月龄性成熟，杜泊羊初产母羊、经产母羊的繁殖率分别为 135.13%和 144.44%，双羔率分别为 35.13%和 44.44%。杜泊羊适应性强，耐热耐旱，抗逆性强，舍饲养殖条件下采食速度非常快，不挑食，对饲草的无选择性是其突出特性。杜泊羊合群性、识别能力强，胆小易惊，对生疏环境或阴暗角落常表现胆小迟疑或推挤行为。

我国于 2001 年首次从澳大利亚引进杜泊羊，现在在山东、山西、河南、江苏、内蒙古和宁夏等地都有分布。杜泊羊在内蒙古地区及江苏地区的养殖结果表明杜泊羊有很强的适应性，无论是高温还是低温气候都可以适应；供给充足的营养能使早熟、生长速度快的杜泊羊的遗传潜力得到充分发挥；杜寒杂交一代和小尾寒羊羔羊在同一饲养条件下，杜寒杂交羔羊的增重速度、屠宰产肉能力和肉品质均优于小尾寒羊，适合用作肥羔生产；杜寒杂交一代的繁殖性能比杜泊羊有明显提高，屠宰结果杂一代的肉用性能优于小尾寒羊；杜寒杂交后代的体型外貌发生了明显改变，体高降低，胸围、胸宽、管围、尻围（臀围）都有明显增加，肉用性能指标提高。我国是世界绵羊养殖大国，绵羊数量超过1.5亿只，但普遍存在着肉用体型不理想、生长发育慢和产肉性能低的缺陷。而杜泊羊的品种优势恰恰可以作为杂交改良的父本，利用杂交优势建立肉羊杂交生产体系，对改善我国肉羊品种品质，培育适合我国饲养环境的肉羊新品种具有重要意义。杜泊羊在我国饲养环境下适应性、饲养管理、繁育体系建设等方面，已经取得了很多研究成果。大力发展舍饲养羊业，建立节约资源的生产系统，保护资源和环境，实施清洁生产，可以改善传统放牧养羊业对生态环境破坏大的影响。而杜泊羊又是一个适合舍饲的品种，可以从品种的源头上解决养羊业与生态环境协调发展的问题，有利于生态环境的建设。

第五节　德国肉用美利奴羊

德国肉用美利奴羊产于德国，主要分布在萨克森州农区（图2-5）。用泊力考斯和英国莱斯特公羊同德国原产地的美利奴母羊杂交培育而成。品种特性：早熟，羔羊生长发育快，产肉率高，繁殖力强，被毛品质好。体型外貌：公母羊均无角，颈部及体躯皆无皱褶。体格大，胸深宽，背腰平直，肌肉丰满，后躯发育良好。被毛白色，密而长，弯曲明显。生产性能：成年公羊体重100~140千克，母羊体重70~80千克。羔羊生长发育快，日增重300~350克，130天可屠宰，体重可达38~45千克。周岁公羊

图 2-5　德国肉用美利奴羊

90~120 千克；周岁母羊 60~65 千克；4~6 月龄羔羊 36~46 千克；繁殖率 150%~200%。胴体重 18~22 千克，屠宰率 47%~49%。被毛品质：毛密而长，弯曲明显。公羊毛长度为 8~10 厘米，母羊为 6~8 厘米。毛纤维细度母羊为 22~24 微米，公羊为 22~26 微米。剪毛量公羊 7~10 千克，母羊 4~5 千克。净毛率 40%~50%。繁殖性能：德国肉用美利奴羊具有较高的繁殖能力，性早熟，12 个月龄前就可第一次配种，产羔率 150%~250%。母羊保姆性好，泌乳性能好，羔羊生长发育快，死亡率低。在原产地自然条件下为 1 年 3 胎。但是，在繁殖的后代中公羊的隐睾率比较高，隐睾率在 10%~15%。

该品种的适应性广泛，能很好地适应各地的不同气候或恶劣的自然环境条件。品种育成后被推广到欧洲、美洲、非洲、大洋洲等地。在我国，最早引进的该种羊是以在北方生长为主，耐粗饲，抗疾病，特别对气候干燥、降水量少的地区有良好的适应能力。近几年，该品种已逐渐引入南方，包括河南、湖北、湖南、安徽、浙江等省，经试验研究表明，均能很好地生长。德国肉用美利奴羊育成后，以其优良的肉用性能和生产优质细毛的特点，受到各国绵羊生产者的欢迎，很快在欧洲各地推广，欧洲许多细毛羊的种群都相继引入了德国美利奴的血统，并随后参加了一些肉毛兼用品种的培育。

我国在20世纪50年代末和60年代初引入千余只德国美利奴肉羊，分别饲养在辽宁、内蒙古、山西、河北、山东、安徽、江苏、河南、陕西、甘肃、青海、云南等省和自治区。除进行纯种繁殖外，曾与蒙古羊、西藏羊、小尾寒羊和同羊杂交，后代被毛品质明显改善，生长发育快，产肉性能良好，是育成内蒙古细毛羊的父系品种之一。对这一品种资源要充分利用，可用于改良农区、半农半牧区的粗毛羊或细杂母羊，增加羊肉产量。

在粗毛羊生产区，利用德国美利奴杂交，不但提高本地羊的产肉能力，而且能改良本地羊的羊毛品质。

在以细毛羊为主的地区，将当地细毛羊品种与德国美利奴羊进行杂交，以提高肉用性能的试验，在19世纪70年代就进行了尝试，其后我国著名的细毛羊品种基本上都用德国美利奴杂交进行类似的试验。特别是近年来随着国内羊毛市场的波动和羊肉价格的上涨，对于开发细毛羊的产肉潜力和杂交优势做了很多的探索，细毛羊是生产优质羊肉尤其是肥羔的理想母本，细毛羊通过与肉用性能好的绵羊杂交子一代具有明显的商品杂种优势，产肉性能明显提高。德国美利奴羊是最合适的父本，杂交后代可在保持羊毛品质的基础上同时提高产肉性能和改善羊肉品质，杂一代羔羊生长速度快，10~30日龄平均日增重208克，30日龄到断奶平均日增重215克，分别比细毛羊提高22.35%和22.86%。试验证明利用德国美利奴羊与内蒙古毛肉兼用细毛羊的杂交优势生产羊羔，能提高当年羔羊的出栏率，获得更大的经济效益，而且其杂一代羊都有较好的适应性，不仅保持了当地羊的耐粗饲、抗病、抗寒能力强的特点，而且表现出良好的放牧能力，在同等的饲养管理条件下，杂一代的体重显著高于当地的细毛羊。

德国美利奴羊参与了内蒙古毛肉兼用细毛羊和阿勒泰肉用细毛羊的培育过程，并起了较大的作用，在敖汉细毛羊和徐州细毛羊的导血中也起了重要的作用。内蒙古毛肉兼用细毛羊育成于1976年，是以苏联美利奴羊、高加索羊、新疆细毛羊和德国美利奴羊与当地蒙古羊杂交，采用育成杂交方法育成。内蒙古细毛羊个体大、生产能力强、遗传性能稳定、体质结实、结构匀称。成年公、母羊平均体重分别为91.4千克和45.9千克，剪毛量分别为11千克和5.5千克，净毛率为38%~50%。成年公羊羊毛长度平均为10厘米以上，母羊为8.5厘米。1.5岁羯羊屠宰前平均体重为50千克，屠宰率为44.9%。成年羯羊屠宰前平均体重为80千克，屠宰率为48.4%。产羔率为110%~123%。耐粗饲，抗寒耐热、抗灾、抗病能力强。冬季刨雪采食牧草，夏季抓膘复壮快。在冬春适当补饲和正常年景的条件下，成年、幼畜保育率达95%以上。

第六节　巴美肉羊

巴美肉羊是巴彦淖尔市培育的第一个具有我国自主知识产权的肉羊新品种（图 2-6）。巴美肉羊是对蒙古羊进行的杂交改良，在毛肉兼用肉羊群体的基础上，通过引入德国肉用美利奴公羊作父本，采取杂交育种方法培育肉用性能突出的肉羊品种。巴美肉羊体格较大，结构匀称，体质结实，颈短而粗，四肢短而粗壮，腿臀部肌肉丰满，背腰平直，胸宽而深，呈圆桶形，肉用体型明显，背毛同质白色，生长发育速度较快，产肉性能高，繁殖率较高，产羊可达 2~3 胎。巴美肉羊具有适合舍饲圈养、采食能力强、耐粗饲、抗逆性强、适应性好、羔羊育肥快，性成熟早等特点。

图 2-6　巴美肉羊

随着人民生活水平不断地提高，畜牧业的发展规模越来越大，肉类在消费者日常生活消费中所占比例也逐年上升，消费者对肉品质的要求也越来越高。巴美肉羊是内蒙古巴彦淖尔市广大畜牧科技人员和农牧民经过40多年的不懈努力，精心培育而成的肉羊新品种。从20世纪60年代开始，经过蒙古羊的杂交改良（1960—1991年）；德国肉用美利奴级进杂交（1992—1997年）；横交固定、自群繁育和选育提高三个阶段（1998—2000年）培育而成，2007年农业部正式审定、命名为巴美肉羊新品种。但巴美肉羊作为肉羊新品种，其相关研究与其他种类的蒙古羊相比却较少。如2008年，高爱琴等进行了巴美肉羊肉用性能和肉质特性的研究，其研究的重点为巴美肉羊与其他肉羊品种的性能比较。2013年，张宏博对巴美肉羊营养品质的研究、巴美肉羊屠宰性能与胴体质量的研究等，侧重于不同月龄间巴美肉羊品质的研究。2007年王文义等对巴美肉羊肉用性能和肉质特性研究以及2008年高爱琴等进行了巴美肉羊肉用性能和肉质特性的研究，多是对不同月龄、不同品种间的巴美肉羊进行品质研究。但并未涉及体重对巴美肉羊品质的影响。

经过十几年的杂交育种，选择接近理想型选育群和核心群母羊共8万只与德国肉用美利奴种公羊两代横交。之后进入自群繁育阶段，结合使用胚胎移植等扩繁技术，巴美肉羊成为国内第一个具有自主知识产权的肉用绵羊杂交育成品种。“巴美肉羊新品种培育”荣获2009年内蒙古自治区科技进步奖一等奖，在同年被认定为农业主导品种，并于2014年获得国家科技进步奖二等奖。

巴美肉羊主要分布于内蒙古巴彦淖尔市乌拉特前旗、乌拉特中旗、五原县、临河区的农区和半农半牧区。2009年存栏6.8万只。巴美肉羊具有羊羔育肥快、生长及屠宰性能好、肉质鲜嫩、无膻味的优点，适合生产高档羊肉产品，广受养殖、生产加工企业和消费者的青睐。

巴美肉羊公羊8~10月龄、母羊5~6月龄性成熟，初配年龄公羊为10~12月龄、母羊为7~10月龄。母羊季节性发情，一般集中在8—11月发情，发情周期14~18天，妊娠期146~156天，产羔率126%，羔羊断奶成活率98.1%。羔羊初生重公羊4.7千克、母羊4.6千克，羔羊断奶重公羔25.8千克、母羔25.0千克。

巴美肉羊在育种实践中推行了“群选群育—集中连片—区域推进”的育种模式，创新了“整体推进，边杂交、边选育、边生产、边推广”的方法；在育种过程中采取了三级良种繁育体系、MOET核心群快速繁育技术、BLUP选种技术、分子遗传特性评估等主要高新关键技术。巴美肉羊新品种的育成解决了当地种羊严重不足的问题，为当地乃至全国肉羊业发展提供了主导品种。形成的一系列技术成果，特别是复杂育成杂交方法，为我国今后肉羊新品种培育提供了成熟的育种模式和成功经验。巴美肉羊在全国各地的推广，对于加快肉羊品牌的创立，促进良种化、规模化、标准化肉羊现代化生产，提升羊肉产品的市场竞争力具有划时代的意义。今后应建立保种核心群，完善良种繁育体系，通过开展本品种选育，进一步提高其产肉性能、羊肉品质和繁殖力。

第七节 夏洛莱羊

夏洛莱羊原产于法国中部的夏洛莱地区，是以英国莱斯特羊、南丘羊为父本与夏洛莱地区的细毛羊杂交育成的，具有早熟，耐粗饲，采食能力强，肥育性能好等特点。它是最优秀的肉用绵羊品种之一（图 2–7）。

图 2–7 夏洛莱羊

夏洛莱羊被毛纯白色。公、母羊均无角，整个头部往往无毛，脸部皮肤呈粉红色或灰色，有的带有黑色斑点，两耳灵活会动，性情活泼。额宽、眼眶距离大，耳大、颈短粗、肩宽平、胸宽而深，肋部拱圆，背部肌肉发达，体躯呈圆桶状，后躯宽大。两后肢距离大，肌肉发达，呈“U”字形，四肢较短，四肢下部为深浅不同的棕褐色。

夏洛莱羔羊生长速度快，平均日增重为 300 克。4 月龄育肥羔羊体重为 35~45 千克，6 月龄公羔体重为 48~53 千克，母羔 38~

43 千克，周岁公羊体重为 70~90 千克，周岁母羊体重为 50~70 千克。成年公羊体重 110~140 千克，成年母羊体重 80~100 千克。夏洛莱羊 4~6 月龄羔羊的胴体重为 20~23 千克，屠宰率为 50%，胴体品质好，瘦肉率高，脂肪少。夏洛莱羊毛细而短，毛长 6~7 厘米，剪毛量 3~4 千克，细度为 60~65 支，密度中等。夏洛莱羊属季节性自然发情，发情时间集中在 9—10 月，平均受胎率为 95%，妊娠期 144~148 天。初产羔率 135%。

我国 20 世纪 90 年代初内蒙古、山东、河南等省（区）引进，用夏洛莱羊公羊与当地母羊杂交，公、母羊断奶体重比当地绵羊高。目前，夏洛莱主要分布在河北、山东、山西、河南、内蒙古、黑龙江、辽宁等地区。

第八节　小尾寒羊

小尾寒羊是我国乃至世界著名的肉脂和裘皮兼用，多胎、多产的地方绵羊品种（图 2-8）。具有繁殖力强、生长快、体格大、产肉性能高，裘皮品质优、遗传性能稳定和适应性强等优良特点。被称为中国的“国宝”，是世界的“超级绵羊”及“高腿羊”的品种。它主产于山东、河南、河北、江苏、安徽和山西 6 个省相互交界地区，且以山东省西部、河北省南部、河南省北部最多最好。现已推广到陕西、甘肃、宁夏等 20 多个省、自治区和直辖市饲养。其数量在主产区有 80 多万只，加上推广的 35 万只及其繁殖数量，总计约 200 万只。

图 2-8 小尾寒羊

小尾寒羊原属于蒙古羊，后被引入中原地区，经当地劳动人民长期的选育，成为我国著名的多胎品系绵羊品种，也是世界上繁殖力最高、产羔率在个体间变异最大的绵羊品种之一，是全球重要的动物遗传资源之一。该品种具有四季发情、性成熟早、生长发育快、适应性强、耐粗饲以及高繁殖力等众多优良特性，是我国宝贵的地方优良品种之一。小尾寒羊最显著的特点就是繁殖率高，小尾寒羊母羊的初情期平均为 186~255 天，7~8 月龄就可以配种，并且是四季发情。平均产羔率为 286.5%，经产母羊产羔率高达 304.3%，一般二年产三窝，但是受胎产羔数以及出生季节等因素的影响，个体间有较大的差异。

小尾寒羊体型匀称，体质结实，鼻梁隆起，耳大下垂。公羊头大颈粗，有较大螺旋形角，母羊头小颈长，有小角、姜角或角根。公羊前胸较深，鬐甲高，背腰平直，体躯高大，侧视呈方形。

四肢粗壮，蹄质结实。脂尾略呈椭圆形，下端有纵沟，尾长不超过飞节。毛白色、异质，有少量干死毛，少数个体头部有色斑，有的羊眼圈周围有黑色刺毛。但是小尾寒羊前躯不发达，体躯狭窄，后躯不丰满，肉用体型欠佳。

体尺和体重：成年公母羊平均体高分别为90.33厘米和80厘米；6月龄平均体高分别为70.54厘米和68.66厘米；12月龄公母羊平均体高分别为82.55厘米和75.80厘米，分别达成年公母羊的91%和94.75%。公母羔羊初生重平均分别为3.72千克和3.53千克；3月龄公母羔平均体重分别为27.07千克和23.62千克；6月龄公母羊平均体重分别为47.60千克和38.15千克成年公母羊体重分别为115~150千克和60~90千克。

小尾寒羊具有较强的合群性，相聚在一起，互不分离。在放牧游走时虽显得分散，但羊只不会轻易离群。无论大群还是小群放牧，羊群始终跟随头羊的带领。如果在放牧期间有羊离开羊群或偷食庄稼作物，只要放牧人吆喝驱赶，离群羊就能够及时地回归羊群。当遭遇外界侵扰时，羊群将互相依靠在一起。在放牧时，羊群为保证与头羊的联系，会发出持续的叫声信号。羊群具有典型的群居性行为，当不同羊群的间距拉近时，容易产生混群现象。养殖人员在羊群管理上需要特别注意混群问题。羊的合群性与幼年时的调教和羊的年龄有关。一般来说，幼年时未经过放牧的羊只和年龄较小的羊只合群性相对较差；幼年时经历过放牧或成年羊只的合群性相对较好。除此之外，放牧人员的责任心也会对羊群的合群性造成较大影响。小尾寒羊适于农区小群放牧，更适合舍饲和半舍饲。因此，可以在农村地区进一步扩大小尾寒羊养殖，并逐步实现肉羊行业的产业化生产建设。

小尾寒羊性情较为温顺，行动缓慢，当地农民称其为“疲绵羊”。在各种家畜中是胆量最小，自卫能力最差，且最好管理的畜种。因此，只需要建设简单的羊舍就可以保证羊群的安全性。一般来说，小尾寒羊羊舍的栏杆高度应与羊体高度相同。小尾寒羊的胆量较小，如果羊群在放牧过程中忽然遭受惊吓，则容易发生“炸群”现象，惊吓还会导致怀孕母羊流产。对羔羊来说，一受惊就不易上膘，故有“一惊三不长，惊久不食”之说。所以，饲养小尾寒羊要耐心，不要高声吆喝和打吓。

小尾寒羊长期生活在鲁西南黄河故道的沙质土环境，喜欢干燥，适宜在清洁、干燥、凉爽的地方饲养。羊圈应当位于少见阳光的位置，要通风良好，勤换垫料，保持干燥。潮湿的环境不但影响采食，还会引发呼吸道病、寄生虫病和腐蹄病等。

小尾寒羊对有异味、污染或践踏的饲草饲料、饮水均不喜采食和饮用。有时宁可饿着，也不吃不喝，即人们常说的“宁吃粗、不吃污”。因此，舍饲或补饲时应把草吊起或放在草架内饲喂，必须做到水净、料净、草净。饲槽在喂前要打扫干净。饮水不但要清洁，而且要勤换。羊舍内饲料的补充应当采取“少喂勤添”的方式，才能够充分地利用草料，防止浪费。在日常管理中，应当保持圈舍和环境清洁卫生。

小尾寒羊的汗腺不发达，身体散热机能较差。因此在养殖过程中应当注意祛湿散热。对于南方地区而言，湿度和温度过高的问题长期制约着小尾寒羊养殖业的发展。南方地区在进行小尾寒羊羊舍的建造时，应当尽量选择排水、通风良好、地势偏高的地方，羊舍内应当修建专门的羊床，地面的铺设应当采用漏缝式的地板。小尾寒羊对于酷暑气候条件也能表现较强的适应性。几乎不受蚊虫叮咬和干燥气候的影响，及时采用少汁的饲料进行喂养也能够正常生长。夏季炎热、被毛较厚时，影响羊体内的热量散发，因此，夏季到来之前必须剪毛。遮阳条件不会对小尾寒羊的生殖和生长造成较大影响。通常情况下，羔羊的最佳生长温度为8~26℃，适宜生长温度为-5~28℃，适宜湿度为60%~70%。

小尾寒羊有较厚的被毛和皮下脂肪，可以减少体热散发，能够抗御寒风侵袭，故其有较强的耐寒性。但是，当气候过于寒冷时，小尾寒羊会发生冻伤或冻死现象，因此在冬季需要进行一定的防寒保暖措施。适合饲养小尾寒羊的舍温：冬季不要低于-15℃。在产区饲养小尾寒羊的设施简陋时，在墙角或屋旁稍加搭棚即可，有的则拴系于磨道或与大牲畜同居，基本不影响小尾寒羊的生长、发育与繁殖。据观察，刚出生的小尾寒羊，只要母羊将羔羊的被毛黏液舔食干净，站立起来，并吃足初乳，即使在0℃以下低温环境里，也不会出现伤亡现象。为了解小尾寒羊在高寒地区的适应性及与呼伦贝尔羊的杂交效果，2001年，将小尾寒羊引进位于北纬49°40′~49°41′、东经116°53′~116°54′、冬季气温在-35~20℃达60天以上、枯草期7~8个月的呼伦贝尔西部家庭牧场。根据5年的试验数据来看，相比于圈养的小尾寒羊，天然草原放牧饲养的小尾寒羊上膘速度较慢，对寒冷的抵御能力较差，胎产3羔以上时，羔羊的死亡率更高。由此可见，高寒草原放牧饲养的模式不适合纯种小尾寒羊的养殖。将小尾寒羊与本地呼伦贝尔羊杂交，杂交一代的优化效果明显，繁殖率较呼伦贝尔羊有明显提高，所产羔羊的适牧性、耐寒性能及4月龄体重都比纯种小尾寒羊有明显改善，与本地呼伦贝尔羊无明显差别。

第九节　戈壁短尾羊

戈壁短尾羊由内蒙古蒙源肉羊种业（集团）有限公司作为育种单位（图2-9），国家肉羊产业技术体系、内蒙古自治区畜牧工作站、内蒙古自治区农牧场科学技术推广站、包头市家畜改良工作站和包头市农牧业科学研究院作为参加单位联合培育。目前，戈壁短尾羊新品种已于2019年4月28日经国家畜禽遗传资源委

图2-9　戈壁短尾羊

员会审定、鉴定通过，并由国家畜禽遗传资源委员会颁发畜禽新品种配套系证书。

戈壁短尾羊是以蒙古羊中的戈壁羊短尾型变异类群为育种素材，通过组建开放式核心育种群和育、繁、推一体化繁育体系，经过连续4个世代的持续选育，育成适应于内蒙古戈壁地区半荒漠化草原生态环境的短脂尾型肉用绵羊新品种。

该品种属粗毛短脂尾肉用绵羊品种，适应性强，遗传性稳定，肉用特征明显。项目组通过本品种选育出戈壁短尾羊，使其尾脂达到1.5千克以下，既不破坏蒙古羊原有的特性和遗传结构，又对蒙古羊的基因保种有重大意义，同时兼顾良好的市场前景。

戈壁短尾羊在放牧+补饲条件下，一岁种公羊体高≥70.0厘米，体长≥75.0厘米，胸围≥95.0厘米，体重≥55.0千克，尾长≤9.0厘米，尾宽≤11.0厘米。一岁种母羊体高≥67.0厘米，体长≥71.0厘米，胸围≥92.0厘米，体重≥45.0千克，尾长≤8.0厘米，尾宽≤10.0厘米。出生羔羊体重：单羔≥3.0千克，双羔≥2.4千克；6月龄羔羊体重：公羔≥38.0千克，母羔≥24.0千克；6月龄羔羊屠宰率≥47%，净肉率≥38%；24月龄公羊屠宰率≥51%，净肉率≥42%；24月龄公羊尾重≤1.6千克，24月龄母羊尾重≤1.4千克。

一是戈壁短尾羊与蒙古羊其他品种相比，具有尾型小、尾椎数少和尾部脂肪含量少的优势，既符合当前及今后市场需求，又可减少饲养成本，增加农牧民收入。戈壁短尾羊肉质优良，背膘厚度较小，口感良好，可以针对这一特点，发展羊肉深加工业，从而完善肉羊产业链。

二是戈壁短尾羊与蒙古羊养殖效益比较：戈壁短尾羊尾脂平均1.5千克，蒙古羊尾脂平均4.0千克。羊尾脂价格4元/千克，羊肉价格55元/千克。生产1千克尾脂所需能量为生产1千克肉羊所需能量的3~5倍，生产1千克羊肉需要6.8千克饲草料，肉羊断奶后育肥到50千克体活重出栏，平均每天需要1.5千克青干草、0.75千克饲料，青干草价格0.8元/千克、饲料价格为3 000元/吨。出栏1只戈壁短尾羊比出栏1只蒙古羊多盈利166.8元。

该品种的成功培育创造了包头市自己的绵羊品种，对促进包头及周边地区畜牧业发展起到积极的推动作用，同时，丰富了我国绵羊遗传资源，在传统的杂交育种方法之外，增加了新的品种培育途径。开放式的育种结构与先进的选配模式相结合，加快了羊群的周转出栏。

第十节 湖 羊

湖羊作为我国太湖平原重要家畜之一，其主要分布区域包括我国浙江省、江苏省以及上海部分地区，是我国特有的多羔绵羊品种，湖羊在2000年、2006年、2008年和2014年先后被农业部列入《国家级畜禽遗传资源保护目录》。湖羊是一种白色羔皮羊，具有四季发情、繁殖力强、一年两胎、两年三胎等繁殖特征，平均产羔率高达200%以上。湖羊肉质鲜美，是主要消费的肉类食品之一（图2-10）。

图 2-10 湖羊

关于湖羊的起源学术界有着不同的说法，有学者因湖羊外貌体型与蒙古羊体型相似而认为湖羊祖先是蒙古绵羊。李群通过研究大量考古遗迹发现并结合湖羊体型以及蒙古绵羊南迁历史等资料表明湖羊祖先为蒙古羊，但有人认为湖羊来源于山东寒羊。研究人员通过研究五代十国时期大量北羊南下的史料并结合当时政治背景后表明江浙地区饲养的湖羊来源于北方羊。也有学者从遗传学角度探究湖羊的起源。研究人员选择 63 只湖羊颈部血作为样本进行结构基因座检测，并通过血统模糊模式进行判别发现，湖羊和蒙古羊遗传贴近度为 0. 863 7，大于湖羊和其他羊的遗传贴近度，根据“择近”原则，湖羊的血统属于蒙古羊。研究人员通过简单随机抽样湖羊血样，检测控制血液、酶和其他蛋白质变异的结构基因座上的等位基因频率分布，结果表明湖羊和蒙古利亚羊群有较近的亲缘关系，可能具有共同的起源。研究人员对东亚近海大陆的 4 种绵羊进行遗传学分析，通过遗传学试验进一步表明小尾寒羊和湖羊都由蒙古羊分化而来。研究人员通过收集我国224个绵羊群体数据对湖羊和其他种群的起源和系统发育状况进行了调查，结果表明，湖羊种群与蒙古羊种群的亲缘关系比较接近。关于湖羊饲养历史，大量专家经过考证后发现江浙地区在南宋前就已经开始饲养湖羊。而关于湖羊得名也有着不同的看法，有学者认为湖羊得名于“胡羊”，而胡是我国北方少数民族称呼，他们过着游牧生活，饲养牛、羊、马等家畜。而胡羊即由胡人、胡马等引申而来。也有人认为湖羊是公元10世纪北方人民南迁时将蒙古绵羊带至江南地区，经过长期驯化和饲养而成，因其主要饲养区域为太湖一带，因而得名湖羊。

湖羊因常年舍饲，缺乏运动经过长期选育，体型也发生改变，形成适宜舍饲的体型。湖羊正面看体细头长，头顶呈圆状，面目清秀，眼睛大并且较突出，眼球乌黑光亮，嘴宽鼻梁前窄，耳朵下垂侧面看形似兔头，下颌前端肉下垂。湖羊颈部较长且粗壮。湖羊无角，四肢细且高，背部平直，后躯略高，湖羊尾是小脂尾，呈扁圆状，被毛全白，裸露的皮肤光滑且呈粉红色。湖羊羔皮毛纤维有“S”形弯曲，形成波浪状花纹，这种独特的白色羔皮是我国传统出口商品之一，在国际上享有“中国软宝石”的美誉。

采食特性：湖羊食性杂，会采食包括青贮玉米、秸秆和杂草以及各类青草及农副产品等粗饲料，最喜枯桑叶和青干草，饲喂湖羊时可用优质青干草来替代精饲料。补充精饲料可用农作物及其副产品如豆饼、菜籽饼等。湖羊嗅觉灵敏，对饲草会先嗅后吃，严格选择饲草。湖羊喜食有中药和豆腐渣气味的草，不爱吃有涩味的草，周围环境会影响湖羊采食量。湖羊有夜食的习惯并且是唯一具有夜食性的绵羊品种。湖羊夜间采食量占总采食量50%以上，湖羊夜食性可能与长期舍饲、农民耕作饲喂习惯、湖羊发展多胎需要等原因有关。湖羊长期在南方舍饲饲喂，舍饲限制羊群运动并可以有效避免采食毒害草类的危害。首先，白天温度高引起羊应激而导致采食量低，夜晚凉爽，羊只可以安心采食。其次，集中舍饲养殖是定时、定量、人工饲喂模式的雏形，长此以往，使湖羊形成夜间采食的习惯。再者，有学者认为湖羊产地饲养的农民白天在田地中劳动，晚上割草饲喂湖羊，湖羊有“槽站羊”之称，舍饲时夜间常被绑在食槽旁边，这些都可能与湖羊夜食有关。

适应性强：主要表现在湖羊可适应全舍饲饲养以及高密度养殖模式，并对南方湿热气候及北方寒冷气候均表现出较强的适应性，而且可以进行无运动场养殖。

生长发育快：3 月龄断奶公羔体重可达 25 千克以上，母羔羊 22 千克左右，6 月龄公羊体重 36 千克以上，母羊 33 千克以上，成年公羊体重 65 千克，母羊 40 千克。屠宰后净肉率平均 38%左右。季节对出生羔羊体重会有影响，潘建治等通过研究表明，热应激会影响早期胚胎的发育，秋季出生羔羊在经历夏季高温后体重较其他季节出生的羔羊轻。戴旭明等通过试验表明春季出生的羔羊，避免了夏季高温的影响，在出栏时可获得较高的屠宰率和毛皮质量。绵羊是季节性发情家畜，其发情表现通常受到光照影响，一般绵羊繁殖季节是光照时间最短的冬季，发情时间集中在

8—10 月。尽管湖羊是四季发情，但是可以确认的是，母羊 5 个月妊娠期在这个季节环境较为适宜，因此体重是最大的，这与前人研究结果相符。冬季是湖羊羔羊发育最快的季节，羔羊出生后生长发育速度和季节有明显的相关性，并且羔羊的初生重越高，后续生长发育越好。

胆小温顺：湖羊公母均无角，无打架以及跳圈等行为，极少因打斗引起母羊流产。如有生人靠近羊圈，湖羊会四散逃离。湖羊畏强光，即“明猪栏，暗羊栏”，羊舍选址时应注意避光。

肉质好：主要表现在肉质鲜美，羊膻味较其他品种轻并且屠宰后的平均净肉率较其他品种高。湖羊净肉率可达 38%左右，小尾寒羊净肉率 36%，湖羊羊肉中脂肪含量（2. 38%）显著低于黄淮山羊（5. 87%）。

母羊产乳量大，母性好。正常母羊月产奶达 42 千克左右，哺乳期的母羊不仅让自己的羊羔吃奶，也允许其他羊羔吃，这对羔羊断奶成活率具有重要影响。湖羊母羊特有保姆行为，这与其生理结构有关，因产羔数量多，产奶量大，母羊产后如果没有羔羊吃奶，乳房就会胀痛，因此母羊对于来争抢的羔羊一概来者不拒。但是这也是基于母羊身体状况，如果母羊在妊娠后期及哺乳阶段营养无法满足泌乳需要，这种保姆行为就不明显。

湖羊多胎性是其显著的繁殖特征，一般品种的绵羊为单胎单羔，而湖羊产双羔、三羔较为普遍，谢庄等在统计2 000余胎产羔记录后发现，双羔、三羔的比例共达 70%以上。这足以说明我国

湖羊属多胎品种，而对湖羊出生类型进行选育有利于提高其繁殖性状。湖羊经产母羊产羔率一般在220%~240%。湖羊总平均产羔率可达250%以上。经过多年选育的湖羊产羔率可高达337.5%。关于湖羊多胎具体原因尚无明确定论，大多数对湖羊多胎机理原因主要是从生殖分泌、子宫环境及生长环境等方面进行探究，并且对影响湖羊多胎的主导因素也没有定论。有学者认为湖羊多胎原因与湖羊迁徙后的社会需求和当地的人工选择有关，主流说法表明湖羊是由蒙古绵羊经过风土驯化而来，而蒙古绵羊南迁之前，在江南地区主要饲养的是山羊，其肉味、风味等均不如北方绵羊，由于南下的北方牧民的饮食习惯和社会需求对尚处于演变的蒙古羊朝着多胎方向发展起到了促进作用，为了提高出栏数量并且降低饲养成本，人们将产多羔的母羊和一胎多羔的公羊选育出来，随着这种人工干预使得多胎基因不断积累，逐渐形成了湖羊多胎的特性。目前也有相关研究从分子遗传方面探讨湖羊多胎机理，肉羊多胎性状是基因型决定并且可遗传的，遗传力在0.1~0.3。

湖羊性成熟早，一般6月龄湖羊即可进行初次配种，并且经过多年选育后的湖羊可四季发情，因此湖羊具有“当年生，当年配，当年产羔”的繁殖特征。湖羊成年母羊平均发情周期为17天（16~18天），妊娠期一般为148天（142~156天）。魏红芳等通过试验表明湖羊初情期为（167.41±22.11）日龄，明显早于小尾寒羊（183.34±26.33）日龄（$P<0.01$）。

第十一节　乌珠穆沁羊

乌珠穆沁羊品种是蒙古羊系统中的一个优良种类，属于肉用脂尾粗毛羊（图 2-11）。乌珠穆沁羊产地是内蒙古自治区锡林郭勒盟乌珠穆沁旗，故以此得名。主要分布在东乌珠穆沁旗（下文简称东乌旗）、西乌珠穆沁旗、锡林浩特市、阿巴嘎旗和乌拉盖管理区 5 个旗（区）所辖行政区域内的 23 个苏木镇 246 个嘎查，其地理坐标为东经 115°10′~119°50′、北纬 43°2′~46°30′（由于研究的需要，本研究的乌珠穆沁羊主产于东乌旗）。平均海拔在 700~1 800 米，草场面积 10. 8 万千米^2。

图 2-11　乌珠穆沁羊

据《蒙古族简史》所述，辽代时期的塔塔儿部“鞑靼”所处地，正好是现在的锡林郭勒盟。在《汉书匈奴传》中有“骑羊引弓射鸟鼠”的描述，因而可推测，早在公元 7—8 世纪，乌珠穆沁草原已有大量脂尾粗毛羊。在当地特殊的自然环境和生产方式下，经过长时间的自然选择和人工选择，逐渐形成了具有放牧采食抓膘快、保膘强、贮脂抗寒、体大肉多、脂尾重、羔羊发育快、肉质鲜美等特点的乌珠穆沁羊，成为我国宝贵的肉羊品种资源，1986 年内蒙古自治区正式命名该品种为“乌珠穆沁羊”。

乌珠穆沁羊适合长年放牧采食，利用牧草生长旺期，开展放牧育肥或有计划的肥羔生产。饲养管理极为粗放，终年放牧，不用补饲，只需在雪大不能放牧时稍加补草。乌珠穆沁羊生长发育较快，两三个月龄公母羔羊平均体重分别为 30 千克和 25 千克；6 月龄的公母羔平均分别达 39 千克和 35 千克，成年公羊 60~70 千克，成年母羊 50~60 千克，平均胴体重 18 千克，平均净肉重 12 千克。乌珠穆沁羊体质结实，体格大。头中等大小，额稍宽，鼻梁稍微隆起。公羊大多无角，少数有角，母羊多无角。胸宽深，肋骨开张良好，胸深接近体高的一半，四肢粗化有小脂尾。

肉羊产业是东乌旗畜牧业主导产业，乌珠穆沁羊是东乌旗肉羊唯一品种，全旗 2012 年乌珠穆沁羊养殖规模达到 240 万只，乌珠穆沁羊良种比例为 99%，全年接冬羔、早春羔 117.9 万只，仔畜成活率达到 98.68%，肉羊产业增加值达到了 4.7 亿元。2012 年全旗畜牧业产值收入 42.42 亿元，牧民人均纯收入达到 13 783元，同比增长 19.6%，其中饲养乌珠穆沁羊所得收入占总收入的 65%~80%，成为牧民收入的主要渠道。近年来，东乌旗依托现代肉羊产业核心区建设项目和一事一议财政奖补项目，自 2010 年开始，在全旗范围内建设肉羊标准化生产基地和现代化家庭牧场，并投资建设标准化现代家庭牧场棚圈、储草棚，购置移动式风光互补设备、生产饲料槽，配置了人工授精器械、打贮草机械、运输车等必备生产农机具。

乌珠穆沁羊有“皇家贡品、肉中人参、天下唯一”的美誉，是我国宝贵的肉羊品种资源，其肉品质优良，营养丰富，富含多种微量元素，绿色无污染，被国家绿色食品发展中心授予“绿色食品”称号，具备有机（天然）食品的条件。2000 年乌珠穆沁羊肉成为内蒙古自治区品牌农畜产品，2008 年成为北京奥运会专供产品，2010 年成为上海世博会专供产品。现在，乌珠穆沁羊肉受到国内外好评，乌珠穆沁羊肉系列产品畅销北京、上海、呼和浩特等城市，乌珠穆沁活羊、冰鲜羊肉远销沙特、约旦、科威特等亚洲国家。

乌珠穆沁羊可以说是享誉海内外，但是却始终没有建立起像内蒙古乳业那样的品牌优势。随着乌珠穆沁羊肉产量大幅增加，销售额快速增长，乌珠穆沁羊肉品牌建设更为迫切，充分发挥乌珠穆沁羊肉品牌在内蒙古经济可持续发展中的绝对优势，将成为内蒙古区域特色经济发展的强大带动力。打造乌珠穆沁羊肉产业品牌优势对内蒙古乃至全国进行全面建成小康社会具有深远的社会意义和经济意义。国务院于 2003 年和 2009 年先后发布了《肉牛肉羊优势区域发展规划（2003—2007 年）》和《全国肉羊优势区域布局规划（2008—2015 年）》两个文件，肉羊产业发展的重点是打造知名羊肉品牌，首先解决的要务是羊肉销售渠道不畅通。因此，加强乌珠穆沁羊肉销售渠道的研究有着重要的现实意义。

在乌珠穆沁羊肉消费需求激增的同时，是什么因素导致了羊肉价格的下降？又为什么会出现乌珠穆沁活羊难卖问题？虽然近几年乌珠穆沁羊肉产业发展较快，但是，乌珠穆沁羊肉销售渠道发展缓慢，销售渠道结构不合理、销售渠道不通畅等问题长期存在，这些问题影响了乌珠穆沁羊肉的市场竞争力，使得乌珠穆沁羊肉社会认知度不高。这严重制约了乌珠穆沁羊肉产业的发展，影响牧民收入增长。要想发展乌珠穆沁羊肉产业，提高乌珠穆沁羊肉产业综合效益，增加牧民收入，企业必须在困境中找出路，分析研究乌珠穆沁羊肉产业链的延伸和对接的途径，彻底贯通产业链，构建运营高效的乌珠穆沁羊肉销售渠道体系，以此来稳定乌珠穆沁羊肉的销售，提高乌珠穆沁羊肉销售渠道运营效率，促进乌珠穆沁羊肉产业发展。因此，研究乌珠穆沁羊肉销售渠道具有一定的理论意义。

第十二节　苏尼特羊

苏尼特羊属于蒙古羊系统，是内蒙古优良地方品种之一（图2-12）。苏尼特羊产于内蒙古锡林郭勒盟苏尼特左旗、苏尼特右旗和乌兰察布市四子王旗、包头市达茂旗以及巴彦淖尔市的乌拉特中旗境内，中心产区是苏尼特左、右旗境内，现有80余万只。产区地貌主要以高山平原、丘陵、沙地和盆地等类型组成，气候属于中温带半干旱大陆性气候，平均气温2~5.2℃，无霜期100~188天，年平均降水量150~300毫米。天然草场主要以干旱草原草场和荒漠草原草场为主，草场面积11万多千米^2，氮碳型草场

图 2-12　苏尼特羊

面积占大多数，最适合发展小牲畜。

苏尼特羊是小脂尾型肉脂粗毛地方良种，被人们认识并利用，已经有数百年的历史。苏尼特羊以肉质鲜嫩、营养丰富而闻名。它不仅具有适应能力强、体型高大、体质结实、采食能力强、骨骼健壮、耐粗耐寒、生长发育快、宜于牧养、成活率高、产肉多、肌肉丰满、膻味小等优点，还含有对人体有益的脂肪酸、蛋白质、氨基酸，与其他羊肉相比具有一定的抗氧化和抗癌作用。罗玉龙等研究发现苏尼特羊肌肉中的不饱和脂肪酸含量丰富，赋予羊肉优良风味。在对苏尼特羊与其他内蒙古品种羊的肉品质的比较发现，4~8 月龄苏尼特羊的熟肉率均大于相应月龄巴美肉羊，与小尾寒羊相比苏尼特羊肉色呈鲜红色、有较好的保水性能、嫩度高、蒸煮损失率低等优良的食用品质，还具有低胆固醇、低脂肪和高蛋白等营养品质特性。苏尼特羊的肉质细嫩、低脂、高蛋白、多汁味美、无膻味等众多优点符合近年来人们对羊肉的高要求，长久以来一直受到广大消费者的青睐，其中，北京国际饭店的羊肉以及北京“东来顺”饭馆专用苏尼特羊肉制作的“涮羊肉”闻名全国。随着人们生活水平的提高和社会的发展，苏尼特羊身价倍增。许多专家和畜牧工作者都对苏尼特羊肉进行过多次测试，这为进一步开发苏尼特羊肉的食用价值提供了理论依据。

外观特点：体质结实，骨骼粗壮，结构匀称，头清秀、耳下垂、公母羊多无角，头颈部以黑、黄为主，体躯白色，背毛中死毛含量较少，背腰平直，四肢健壮有力，脂尾肥厚，呈竖椭圆形。尾尖细小，弯向一侧。

产肉性能：种公羊平均体重 69.74 千克，最大 84 千克；种母羊平均体重 54.24 千克；羯羊 69.24 千克，最大 81 千克，周岁羯羊平均 56.51 千克。6~7 月龄羔羊平均 38.2 千克。最大 47.5 千克。成年羯羊屠宰率 58.58%，净肉率 38.05%，出脂率 11.1%。苏尼特 6 月龄母羔体重可达成年母羊的 63.3%，公羔可达成年公羊的 51.9%，初生至 6 月龄羔羊平均日增重公羔为 172.2 克，母羔为 180.5 克。4~6 月龄平均日增重公羔为 395 克，母羔为 365 克。苏尼特羊羔羊生长发育快，6 月羯羔活重达 35.2 千克，胴体重 16.2 千克，屠宰率 47.9%，净肉重 12.2 千克，净肉率 34.6%。

产毛性能：苏尼特羊的被毛为混型毛，主要由粗毛、绒毛和死毛纤维所组成。被毛中死毛含量较多、品质较差、剪毛量较低，每年春季平均剪毛量：成年公羊 1.7 千克（范围 1.2~2.35 千克）；成年母羊 1.4 千克（范围 0.8~2.25 千克）；周岁公羊 1.35 千克（范围 0.85~1.95 千克）；周岁母羊 1.34 千克（范围 0.7~1.90 千克）。

繁殖能力：苏尼特羊公、母羔的性成熟期 6~8 月龄，母羊发情周期平均 16~17 天，范围在 15~19 天，发情持续期 24~36 小时，母羊1.5周岁开始配种，自然交配公、母比例为（1∶30）~（1∶50），母羊怀孕期150天左右，每年秋季10月开始配种，翌年3月初开始产羔，母羊繁殖率为112%，羔羊成活率一般为95%。

适应性：苏尼特羊适应在牧草稀疏低矮、气候干燥寒冷的半荒漠草原上进行终年放牧，并具有较强的耐寒抗旱、抗灾抗病能力，能够远走游牧，充分利用青草季节迅速抓膘复壮，贮积大量脂肪，冬季刨雪采食。可见，苏尼特羊在长期自然选择的过程中，对当地荒漠生态环境条件形成了特殊的适应性。

苏尼特羊是肥羔生产和出口肉羊的主要品种，同时也是培育内蒙古细毛羊，特别是培育半细毛羊的母本，1984年被编入了《锡林郭勒盟家畜品种志》。苏尼特羊除了畅销国内市场以外，自20世纪90年代初开始向中东、非洲等地区出口，深受我国经贸部门和外国客商的好评。2005年1月23日，内蒙古锡林郭勒盟苏尼特品牌在人民大会堂举办的“2004中国十大影响力品牌”新闻发布会暨首届中国品牌影响力高峰论坛年会，并在餐饮业的60余个候选品牌中脱颖而出，荣获了“2004年度中国餐饮连锁十大杰出品牌”大奖。公众和评委会们一致认为，“苏尼特”品牌源自草原深处，并有着深厚的历史和文化底蕴，其知名度和美誉度已经得到社会的认可。

关于苏尼特羊近年来也有一些研究报道，主要集中在饲养和对苏尼特羊肉的营养和保健价值的研究。对苏尼特羊的肠道黏膜和免疫相关细胞方面没有系统的研究。

第三章　国内外优良山羊品种介绍

目前全世界有 190 多个国家饲养山羊，中国是世界上山羊存栏量最多的国家，而且山羊数量和产品逐年都在增加，但整体饲养技术水平和单产不高。

据联合国粮食及农业组织统计，2005 年末世界山羊存栏量是 8 000万只，中国大约有2 000万只，占世界总量的 24%，排序为世界第一位。2007 年世界山羊的存栏量大约为 8. 55 亿只，中国的山羊存栏量大约为 1. 38 亿只；2010 年世界山羊的存栏量大约为 9. 10 亿只，中国的山羊存栏量大约为 1. 51 亿只；2011 年世界山羊的存栏量大约为 8. 76 亿只，中国的山羊存栏量大约为 1. 42 亿只。近 10 年世界和中国山羊养殖数量逐年增加，其增幅分别是 20. 12%和 36. 93%。山羊存栏量前 10 位的国家分别是中国、印度、巴基斯坦、孟加拉国、苏丹、尼日利亚、肯尼亚、伊朗、印度尼西亚和索马里，总量为54 615万只，占世界总量的 67. 5%。通过分析可知，中国增幅是最大的，印度在近 10 年间基本没有变化，巴基斯坦、孟加拉国、苏丹的山羊数量增幅甚微，其他国家没有变化。

2005 年联合国粮食及农业组织数据显示，世界山羊肉产量是 456 万吨，中国是 193 万吨，印度和巴基斯坦分别是 47.5 万吨和 37 万吨，分别占世界产量的 42.24%、10.41%、8.11%。世界山羊肉产量前 11 位国家的总量是 344 万吨，占世界总产量的 75.4%。据 1996—2005 年联合国粮食及农业组织统计数据分析结果，连续 10 年世界和中国的山羊肉产量一直持续上升，其增幅分别是 38%和 104%，印度、巴基斯坦的增幅分别是 37%和 34%，其他国家近年来山羊肉产量基本保持不变。

中国山羊出栏平均胴体重 12.81 千克，略高于世界平均山羊胴体重 12.3 千克，却大大低于山羊产业发达的国家。近 10 年来，中国山羊胴体重虽然有一定的增长，但幅度并不明显。其他国家山羊胴体重的变化也并不大，基本保持相对稳定的水平。

我国山羊的品种资源非常丰富，生产类型也较多，据 1989 年所编写的《中国品种志》记载，已有 20 个山羊品种。在这些优良的地方品种的基础上，又先后从国外引进了著名的肉用波尔山羊、毛用安哥拉山羊及努比亚奶山羊等品种，对我国的地方品种进行了杂交改良，先后育成了南江黄羊、关中奶山羊等多个新品种，使我国山羊品种的生产类型更加丰富。我国山羊品种的种类、生产类型与分布情况见表 3-1。

表 3-1 我国的山羊不同品种的种类、生产类型与分布

山羊类型	代表品种	分布区域
普通山羊	成都麻羊、福清山羊、陕南白山羊、建昌黑山羊等	我国中原及南方 22 个省、自治区、直辖市
乳用山羊	关中奶山羊、崂山奶山羊	陕西、山东、河北等
绒毛用山羊	河西绒山羊、内蒙古白绒山羊	内蒙古、新疆、青海、西藏、甘肃
羔、裘皮用山羊	中卫山羊、济宁青山羊	山东、宁夏
肉用山羊	南江黄羊、马头山羊	四川、湖南

我国山羊群体主要分布在华东、华北和西南，华南地区分布较少。据 2018 年的统计，年存栏量在 2 000 万只以上的有山东、河南两个省，年存栏量 1 000 万只以上的有四川、河北、云南、内蒙古四个省（区）。

从全国的肉山羊品种资源分布、饲料饲草资源、生态环境以及市场销售等情况看，全国山羊养殖大致可分为北方和南方两大区域。自 20 世纪 80 年代改革开放以来，我国北方牧区草原生态环境日趋恶化，植被不断缩减，加之之后几年连续遭受雪灾、干旱等自然灾害，致使北方牧区被迫采取强制性禁牧的措施，国内牧区的羊肉生产受到了一定的限制，我国羊肉生产中心逐步由传统牧区规模化转向广大农区散养。

第一节 波尔山羊

波尔山羊是目前世界上公认的最好的肉用山羊品种之一，是南非 20 世纪初育成的一个世界著名的优良肉用山羊品种（图 3-

1）。波尔山羊体格较大，具有生长快、肉质好、产肉多、繁殖率高、适应性强等特性，波尔山羊被世界养羊业发达国家用来改良当地山羊产肉性能，效果特别显著。波尔山羊是在南非干旱亚热带气候特征条件下培育的，是目前为止唯一进行了性能测定的肉用山羊品种，其体型外貌和生产性能都比较稳定，为当今世界上肉用山羊之王。

图3-1　波尔山羊

波尔山羊躯体呈圆桶形，体型大而紧凑，肌肉结实而丰满。胸宽深，肩肥厚，腿强健，腿长与体高比例适中，背腰宽而平直，肋骨开张良好，肩部宽长肉多，臀部肉厚，腹部肌肉丰满，尾直而上翘。体躯较短且毛色呈白色，头、耳及颈部为棕红色，额中至鼻端有一条白色毛带，鼻大而微拱呈鹰爪鼻，前额有明显隆起，耳大长下垂。波尔山羊角的特征也较明显，公羊的角宽弯曲向外，母羊的角小而直立。皮肤松软，有较多皱褶，皮肤有色素沉着。

波尔山羊初生重较大，早期生长发育快，体重大。产肉性能好，肉质好，脂肪含量少。波尔山羊初生重在南非表现平均为4.15千克，波尔山羊在新西兰公羔平均为4.0千克，母羔平均为3.6千克。平均日增重在南非表现为100日龄前公羊291克、母羊272克，100~210日龄公羊245克、母羊264克，210~270日龄为186~250克。12~18月龄公羊体重45~70千克，母羊35~40千克，成年羊体重80~100千克，母羊为60~75千克。波尔山羊产肉性能好。胴体瘦而不干，厚而不肥，色泽纯正，肉质多汁鲜嫩，膻味小。肉骨比为4.7∶1，骨仅占17.5%（其他山羊占22%）。8~10月龄波尔山羊屠宰率为48%，2岁、4岁、6岁分别为50%、52%、54%。牙齿长全时的屠宰率为56%~60%。皮脂厚度1.2~3.4毫米，肉质鲜美。胴体分割测定，前肢部的骨肉比为1∶7，而其他品种山羊为1∶4.5。

波尔山羊繁殖率高，性成熟早。母羊6月龄进入初情期，10~12月龄为性成熟期，常年发情，一年二产或二年三产，生育年限为10年。波尔山羊平均产羔率高，在南非为200%，在新西兰为207.8%、在加拿大为160%~200%。妊娠期为150天。

我国1995年从德国首次引进波尔山羊，至2001年末已有25个省、自治区、直辖市饲养。经国内的大量试验表明，波尔山羊与当地山羊的杂交后代，在生长发育、肉用性能上的提高非常显著。我国对波尔山羊与鲁北白山羊、宜昌白山羊、南江黄羊、唐山奶山羊、仁寿山羊、成都麻羊、长江三角洲白山羊、萨能奶山羊、黄淮白山羊、槐山羊、德江山羊、关中奶山羊、河西山羊、徐淮山羊、鲁布革山羊、云岭黑山羊等均进行了杂交试验。杂交一代均具有初生重大、生长快、抗病力强、适应性广、出栏快、经济效益高等优点。

波尔山羊与我国本地山羊的杂交，其杂交一代在产肉性能上比我国的本地山羊有很大的提高，杂交后不管是放牧与舍饲，还是舍饲、放牧相结合的饲养，均能表现出明显的杂交优势。

杂交不会改变本地羊原有的肉质特性和风味，据张德新用波尔山羊与鲁北山羊杂交表明，杂交一代羊肉的化学成分与本地山羊无明显差别，张红平等用波尔山羊与南江黄羊的杂交试验也表明，杂交一代羊肉的化学成分与本地山羊无明显差别。

从 1995 年以来，以波尔山羊为代表的我国现代化肉山羊产业经历了突飞猛进的发展阶段，现已拥有 7 万只纯种波尔山羊，数百万只波尔山羊杂交后代，已成为波尔羊生产大国，表明我国现代化肉山羊产业进入了一个崭新的发展阶段。

第二节　麻城黑山羊

麻城黑山羊主要是通过自繁自养、群选群育、长期定向选育发展形成的（图 3-2）。麻城黑山羊原称为“青羊”；后改称“福田河黑山羊”，2002 年经湖北省畜禽品种审定委员会审核正式命名确定为“麻城黑山羊”，并于 2009 年通过了国家畜禽遗传资源委员会的鉴定，入选《国家畜禽遗传资源品种目录》。麻城黑山羊是经过长期的自然选择和人工选择形成的一个优秀的黑山羊地方品种，以繁殖率高、毛色纯黑为主要群体特性。由于消费者对黑山羊的偏爱，黑山羊养殖数量呈逐年上升趋势，尤其是在我国南方地区。市场上相同体重的黑山羊比白山羊售价高出约2元/千克，这样出栏一头黑山羊比出栏一头白山羊要多收益30~40元。

图 3-2　麻城黑山羊

麻城黑山羊结构匀称，体质结实，全身被毛是黑色，毛短贴身，有光泽，部分羊有绒，成年公羊背部毛长5~16厘米；少数羊初生黑色，在3~6月龄毛色变为黑黄，后又逐渐变黑。羊分有角和无角两类，无角羊头略长，近似马头；有角羊角粗壮，公羊角则更粗，多呈倒“八”字形结构。耳大，一般向前下稍垂。公羊6月龄左右开始长髯，髯很长，有的公羊髯一直连至胸前，母羊一般周岁左右长髯。成年公羊颈粗短、雄壮，母羊颈细长、清秀，头颈肩结合良好，前胸发达，后躯发育良好，背腰平直，四肢端正粗壮，蹄质坚实，乳房较发达，有效乳头为2个，有些羊还有2个副乳头，尾短向上翘。

麻城黑山羊的适应性较强，产于湖南、湖北、安徽三省交界的大别山地区，中心产区为湖北省麻城市，数量10万多只。周边地区有4万多只，主要分布在与湖北交界的豫南地区。在海拔100~2 000米的地区皆能正常生长繁殖，完全能够在大别山地区的高、中、低山大力发展。麻城黑山羊的采食能力很强，耐粗饲。春、夏、秋以放牧为主，冬季多为舍饲与放牧相结合，并补饲各种蔬菜嫩叶、花生秸秆及农作物秸秆。

麻城黑山羊育肥性能好，在全年放牧的条件下，周岁阉羊体重可达35千克，2岁体重平均达58千克，如进行补料育肥则可达75千克左右。屠宰率较高，12月龄屠宰率为51.6%，净肉率为40.9%，骨肉比1∶3.88，2岁则分别为52.7%、42.5%和1∶4.47。其肉用性能良好，且肉色鲜红，结缔组织较少，膻味轻，肉嫩味美，肌间脂肪分布较均匀，营养非常丰富。麻城黑山羊适于鲜食或制成南方腊肉。当地群众习惯喂养大羯羊，一般要到2周岁以上才屠宰，喂养的时间越长，体重越大，产肉量和内脂肪就越多。

产乳性能：母羊哺乳期的产乳量为106.54千克，乳中常规营养成分含量均较高。但产毛（绒）性能较差。

麻城黑山羊性成熟较早，公母羊在3月龄左右就有性表现，母羊4月龄性成熟、公羊5月龄性成熟；母羊8月龄适宜初配、公羊10月龄开始配种；母羊利用年限为4~5年，公羊3~4年。发情周期20天左右，持续期1.5~3天，产后发情一般为18~23天。麻城黑山羊可常年发情，但春秋两季较多。怀孕期一般为

149~150天。根据百只能繁母羊统计分析表明，初产羊75%为产单羔，25%产双羔；经产母羊85%产双羔，10%产单羔，5%为产多羔，最多可产5羔。麻城黑山羊具有较强的抗病能力，只要饲养管理得当，一般不会发生疾病。但若因饲养管理不好，不重视防疫和驱虫防病，也会发生寄生虫病、呼吸系统疾病、消化系统疾病。常见的疾病主要有寄生虫病和口疮，前者可以每年进行定期驱虫防治，后者则常以油、醋、盐按一定比例混合进行治疗。其他疾病如传染病、难产、消化道和呼吸道疾病很少发生。

第三节　内蒙古绒山羊

内蒙古绒山羊主要分布在内蒙古阿拉善盟、鄂尔多斯市、巴彦淖尔市等地，是内蒙古鄂尔多斯所特有的绒肉兼用型品种，分为阿尔巴斯型、二狼山型和阿拉善型三个类型，所产白山羊绒品质优良。内蒙古绒山羊是在荒漠和半荒漠的条件下经广大牧民长期饲养和精心选育形成的一个优良品种（图3-3）。中心产区为温带极端大陆气候，特点是冬季寒冷漫长、夏季温暖短暂，干旱少雨，风大沙多，昼夜温差大，中心产区的年平均气温为3.1~9.0℃、年平均降水量为80~300毫米，雨季主要集中在7—9月，无霜期较短为130~160天，平均日照为3 000~3 400小时，平均海拔在1 500米以上。地貌类型有沙漠戈壁、山地、低山丘陵、湖盆和滩地等。主要牧草种类有沙蒿、芨芨草、柠条、芦草、花棒和碱草等。根据1988年国家肉羊数据库统计，内蒙古绒山羊约有 400 万只，到 2015 年提高到 2 469.7 万只。内蒙古绒山羊具有耐粗饲、抗病强、繁殖率高等优特点，以较高的净绒量、纤维长和良好的手感为加工羊绒衫的首选材料，其产品不仅绒质好，其肉品质也高，低脂高蛋白并且富含大量人体所必需的营养物质，受到当地人们的青睐。

图 3–3　内蒙古绒山羊

该品种外貌特征为全身毛色纯白，鼻部平直，公母羊均为倒“八”字形角结构，体质结实、体格大、蹄质结实、胸部宽深、背腰平直、四肢较短、尾小而上翘。具有适应性强、抗病力强、产绒量高、板皮质量优、抗逆性强等特点。中心产区的绒山羊为80%以上的个体产绒量在450 克以上，绒毛细度多在 15 微米以内。该品种多产单羔，产羔率为 100%~105%，羔羊发育快，羔羊成活率在 92%~97%。

内蒙古地区草场面积较大、草资源丰富，是我国羊业发展的首选地区。内蒙古绒山羊作为内蒙古自治区优良地方品种，具有优质的绒用、肉用价值，因其肉质鲜嫩、绒毛优质等特点而驰名中外。内蒙古绒山羊羊绒柔软、保暖，是我国毛纺产业主要绒制品的原材料，经济价值较高。随着我国纺织业的迅速发展，羊绒产品的产出量无法满足市场需求。近几年，国家和政府十分重视。采用杂交和选育的方式提高我国山羊产绒能力，最终选育出较为理想的产绒型新品种——内蒙古阿尔巴斯白绒山羊。这一品种的出现更加促进了内蒙古自治区羊绒产业的快速发展。

绒山羊养殖业两大重要产品为羊绒和羊肉，近年来，随着人们对羊肉的需求量上升、羊肉价格的不断上涨及羊绒价格的下跌，养羊业发展从毛绒用为主转向肉用为主，使得羊肉的生产成为了牧民饲养绒山羊新的经济来源。然而，由于生态环境治理的力度加大，以及天然草场资源的短缺及草原载畜量的限制，断奶后的一部分羔羊留作种用，大部分淘汰羊作为肉用；而且由于放牧受冬、春季草场牧草营养价值低的限制而不能满足羊的营养需要量，所以在育肥上，舍饲育肥方式代替放牧育肥方式，成为了绒山羊的重要育肥方式之一。很多试验研究证实了我国和其他草场条件差的国家适合对羔羊进行舍饲育肥，舍饲育肥与放牧育肥相比，很大程度上缩短了羔羊的育肥期，提高了羊肉生产效率。闫素梅等研究了不同饲养方式对阿尔巴斯白绒山羊羔羊的屠宰性能和育肥增重的影响，结果得出，舍饲组的日增重较放牧组提高69%，说明对于绒山羊羔羊来说，短期的舍饲育肥环境有利于其生长发育。李长青对放牧和舍饲两种饲养方式下的内蒙古白绒山羊的瘤胃甲烷菌种类进行研究，结果表明放牧组的甲烷菌种类高于舍饲组，舍饲组的资源利用高，放牧组的优势菌数量也高于舍饲组。得出短期舍饲环境对绒山羊羔羊育肥效果有促进作用的结论。

第四节　辽宁绒山羊

辽宁绒山羊主要分布在辽宁省东南部的盖州市、庄河市、凤城市、岫岩县、新宾县、桓仁县、宽甸县、辽阳市和瓦房店市，产区主要位于辽东半岛的步云山区周围，属于长白山余脉（图3-4）。数量达60多万只。20世纪50年代后期，在辽宁省畜禽品种资源调查中，在盖县（现盖州）发现了白色的绒山羊。为了保存和利用这一宝贵的地方品种资源，省政府在盖县建立了绒山羊育种站开展选育工作，当时叫盖县绒山羊。1980年在全国畜禽品种资源调查中，发现盖县周围的县也有类似的绒山羊。同年在盖县建立了省绒山羊原种场，由辽宁省畜牧兽医科研所主持，组织一场6县统一开展绒山羊联合选育工作，并改名为辽宁绒山羊。1984年辽宁绒山羊正式通过国家鉴定，认定为绒用山羊品种，并列入《中国畜禽品种志》。该成果于1985年荣获农牧渔业部科学技术进步奖二等奖，1987年荣获国家科学技术进步奖三等奖。

辽宁绒山羊被毛纯白色，公、母羊都有角。公羊角粗大，向两后侧弯曲伸展，母羊角向后上方捻曲伸出。头轻小，额顶有长毛，颌下有须。颈宽厚，背腰平直，四肢较短，蹄质结实，短瘦

图 3-4 辽宁绒山羊

尾，尾尖上翘。

辽宁绒山羊 5 月龄性成熟，7~8 月龄开始发情，18 月龄开始配种，周岁产羔。当地习惯“立冬”配种，“清明”产羔。羔羊初生重为 2.54 千克。核心群产羔率为 120%~130%，一般群为 110%~120%。核心群成年公羊体重 60.1 千克，母羊 37.58 千克。一般群成年公羊体重 48.73 千克，母羊 36.76 千克。产绒量高，核心群成年公羊产绒量为 1 182.34 克，母羊为 527.71 克。一般群成年公羊产绒量为 477 克，母羊为 350 克。成年公羊绒自然长度为 6.79 厘米，母羊为 6.34 厘米。伸直长度为公羊 9.3 厘米，母羊 8.27 厘米。成年公羊绒细度为 16.78 微米，母羊为 15.78 微米。成年公羊净绒率为 71.6%，母羊为 70.21%。

辽宁绒山羊绒纤维中含有 18 种氨基酸，不仅种类全，而且含量高，绒具有较好的物理性能和很强的化学稳定性，是纺织各种高档精梳产品的理想原料。辽宁绒山羊不仅产绒量高，绒质好，而且产肉性能也好。成年公羊屠宰率为50.65%，净肉率为35.19%；母羊屠宰率为52.66%，净肉重14.07千克。肉中胆固醇含量较少，肉质细嫩，味道鲜美，膻味小。

辽宁绒山羊具有体格大，产绒量高，适应性强，遗传性稳定等特点，在国内外享有盛名。辽宁绒山羊原种场，经多年选育，培育出5个各具特色的品系，自20世纪70年代以来，各地引种纯繁普遍成功。陕西省横山县是个风沙干旱、冰雹成灾、生态条件恶劣的地区，在1979—1982年间共引进绒山羊1 142只，分散在2个乡饲养繁殖，公羊产绒量465克，母羊375克，分别比当地羊高200%和158%，陕西省延安地区从1978年开始引进绒山羊6 400只，分布在甘泉县等8个县繁育。到1983年共存栏绒山羊9 008只，繁殖率比当地羊高2%，死亡率低4.37%；保持了产绒量高的特点；公羊产绒量为455克，母羊为295克，分别比本地羊高141%和227%。体重比本地羊高45%和36.5%。各省（区）还以辽宁绒山羊作父本，对低产山羊进行杂交改良，收到显著改良效果。杂交羊产绒量比当地羊提高75%~237%，体重提高30%，毛长提高2厘米，改良二代白羊率达到92%。用辽宁绒山羊与陕西横山县本地绒山羊杂交，杂交一代羊白羊率为79%，二代羊92%；一代公母羊产绒量为241.6克和242.8克，分别比当地羊提高75%和90%；二代公母羊产绒量为262.5克和312.9克，分别比当地羊提高137%和145%；三代周岁羊产绒量为422克；比当地羊提高237%。杂交优势显著。

第五节　龙陵黄山羊

龙陵黄山羊主产于云南省保山市的龙陵县，主要分布于保山地区龙陵县的平达、天宁、象达、勐冒、朝阳等山区乡，与龙陵接壤的德宏州潞西市的部分地区及腾冲县的蒲川乡、明光乡亦有少量分布（图3-5）。这一地段为云南滇西南亚热带的中山宽谷亚区地貌类型，一年中的后半年受来自赤道海洋的西南季风和来自海洋的东南季风影响，水来源充足，龙陵由于位于北高南低的西南暖湿气候迎风坡而成为云南西南部4个多雨区之一，年均降水量2 110毫米，年均日照2 071小时，年均气温14.9℃，无霜期237天。山区草场以混牧林草场、山地草丛草场、疏林草场等类型为主，有禾本科、莎草科、菊科、豆科、其他杂草及灌木林。丰富的草坡、草山为山羊提供了草料与自然环境资源。2001年3月云南省肉牛和牧草研究中心从龙陵县引种107只龙陵黄山羊（7只公羊，100只母羊），饲养于马鸣基地（马龙县马鸣乡，羊舍为高床漏缝式地板），经多年的观察与饲养驯化，龙陵黄山羊表现出体格大、生长快、易肥、屠宰率高、膻味轻等优良的地方良种特性，且耐热耐湿力强，板皮面积大，属肉皮兼用地方品种。龙陵黄山羊具有肉质细嫩多汁、膻味小等特点，其优点是生长发育速度快，繁殖力强，屠宰性能好，适应性强，杂交改良效果好。

龙陵黄山羊体格较大，被毛黄红色、黄褐色，两耳侧伸，鼻梁微凹，颈长度适中、肋骨开张，前胸深广，背腰平直；额部、

图 3-5 龙陵黄山羊

背脊线、尾巴毛多数黑色；四肢粗壮，蹄质硕大、坚实。大多数有角，占 85%以上。种公羊随激素水平升高而表现出面部、颈下部被毛及腹线、背脊线明显的黑色缘，羔羊被毛黄褐色；母羊颈部肥厚，面目清秀。

龙陵黄山羊成年公羊为 54. 64 千克，母羊为 39. 29 千克。初生重公羔 2. 08 千克，母羔 2. 04 千克，周岁公羊为 33. 57 千克，母羊为 28. 55 千克，生长发育快，周岁、成年公羊体高、体长、胸围、腹围分别为 60. 62 厘米、62. 75 厘米、73. 12 厘米、78. 00 厘米和 69. 25 厘米、78. 25 厘米、87. 25 厘米、88. 25 厘米；周岁、成年母羊分别为 57. 97 厘米、61. 58 厘米、70. 65 厘米、81. 32 厘米和 65. 57 厘米、70. 94 厘米、85. 03 厘米、92. 95 厘米，管围很接近，变化不大。与其他山羊相比，龙陵黄山羊较大多数黑羊（如云岭黑山羊、酉州乌羊、丰都黑山羊等）体格都大，稍比南江黄羊小。

龙陵黄山羊性成熟较早、繁殖率高。公羔在 3 月龄就开始表现有性行为，母羔则进入4~5月龄出现初情期，半岁为初配适时年龄，生产上一般母羊在半岁后参加初配，公羊1.5岁后投入配种。妊娠期（148.22±6.37）天，繁殖母羊双羔率为29.69%，三羔率为3.12%，常年发情，产羔率为128%。羯羊成年体重42.6~76.3千克，屠宰率50%~60%，几乎没有膻味。

截至2014年2月底，龙陵县共有111个行政村、2 786户群众养殖龙陵黄山羊，黄山羊存栏8.4万只，能繁母羊存栏4.6万只，种公羊存栏0.34万只，能繁母羊存栏200只以上的规模养殖场7个，能繁母羊存栏30只以上的养殖大户1 500余户，建成市、县级养羊示范村1个，组建养殖专业合作社16个，引进一家龙头企业，计划建成集饲养、加工、展示、品尝为一体的龙陵黄山羊精品农业庄园。

第六节 成都麻羊

成都麻羊（又名四川铜羊）位于四川省成都平原及其四周的丘陵和低山地区，因被毛为棕黄色而带有黑麻的感觉，古称麻羊，主要分布在成都市郊方圆100千米以内的平原、丘陵和山地（图3-6）。分布区内气候湿润、温和，牧草四季常青，农副产品丰富，饲草饲料充足，加之当地农民素有饲养成都麻羊的习惯和经验，便形成了以繁殖率高，产肉性能好，板皮品质优良为特点的国内外著名的优良地方品种成都麻羊。成都麻羊曾出口越南，国内各省（区）也多有引进，改良当地山羊效果较好，其中在南江县以成都麻羊为父本，培育成了我国第一个肉用性能好的南江黄羊新品种，之后在金堂县利用成都麻羊分选出来的黑色个体，培育成了金堂黑山羊肉用地方品种。

图 3-6　成都麻羊

成都麻羊的品种形成是经过长期的自然选择和人工选择而育成的优良地方山羊品种，其显著特点是体格中等，结构匀称，两耳侧伸，额宽微突，公母羊都有角，背腰宽平，尻部略斜，四肢粗壮，蹄质坚实呈黑色。性较早熟，产肉性能好、屠宰率较高、肉质细嫩、味鲜可口、膻味轻，板皮品质优良。母羊 6~8 月龄配种繁殖，公羊 8~10 月龄开始配种利用。母羊发情周期为 20 天左右，发情持续期时间为 36~64 小时，妊娠期（148±5）天，每头母羊平均年产羔 1.5 胎。平均产羔率为 186%，初产是 160%，经产达 210%。同时，成都麻羊具有良好的经济价值，肌肉中蛋白质的含量高达 21.42%。周岁羊屠宰率为 48%以上，净肉率 35%；成年羊屠宰率可达 50%以上，净肉率 37%~38%。皮质优良，符合生产要求。成都麻羊系我国山羊品种宝贵的基因库，分为丘陵型和山地型两个生态类型。国内各省、自治区、直辖市多有引进；20 世纪 80 年代以来，在丘陵型成都麻羊产区（包括中心产区），受经济利益驱使，人们保种意识淡薄，先后引进了纽宾奶山羊、萨能奶山羊、土根堡奶山羊以及肉用波尔山羊与成都麻羊进行杂交、混杂，致使具有典型外貌特征的成都麻羊数量减少，品种退化，并且有加剧的趋势。此趋势若不加以控制，必将导致成都麻羊优良基因的流失；山地型成都麻羊虽然数量较少，也未引进品种杂交，但为了保护成都麻羊的遗传多样性，亦需要对山地型成都麻羊进行保种与研究。因此，当地同时开展丘陵型和山地型成都麻羊品种保种工作，以保存其优良基因（含未知基因）和不断提高产肉性能。

丘陵型和山地型在体形和生产性能方面有较大差异。丘陵型体格较大，产肉性能好，繁殖率高；山地型体格较小，产肉性能和繁殖率较低。究其原因，丘陵型成都麻羊分布地区，地形较平缓，饲养条件好，饲养水平较高，较好地发挥了其产肉性能和繁殖性能的遗传潜力。而山地型成都麻羊分布地区，山高坡度大，终年放牧无补饲，饲养水平低，使其产肉性能和繁殖性能的遗传潜力未得到充分的发挥。

成都麻羊属中型山羊品种，体型较大，生长发育快，经济早熟。成年公羊体高 60~68 厘米，体长 68~76 厘米，胸围 74~82 厘米，体重 45~65 千克；成年母羊体高为 56~62 厘米，体长为 62~70 厘米，胸围为 70~78 厘米，体重为 38~58 厘米。周岁体重可达成年体重的 70%以上。

第四章　肉羊的饲养管理技术

第一节　羔羊的饲养管理

羔羊出生后身体机能尚未发育完善，对环境变化的适应性较差，容易受环境影响产生不适应。因此，养殖场应确保羊舍的清洁，并维持相对恒定的温度和湿度。初生羔羊瘤胃内还未形成微生物，无法消化粗纤维，所以初期不应食用草料及其他粗纤维饲料，应以母乳和一些高蛋白饲料添加剂为主，防止羔羊出现消化不良，而导致腹泻等病症发生。羔羊生长到一定日龄时，生理机能发育相对完善，自身能够消化一些纤维性物质，可以选择合适的时间断奶。在羔羊的生长发育过程中，不同部位发育成熟的时间有所差异，需通过调节饲养管理方式，确保其各部位的生长性能和生产能力，所以对羔羊的饲养管理必须精细，给予足够的重视。

羔羊在饲养管理上大致分为3个时期，即初乳期（出生后到5天内）、常乳期（6天后到60天）、奶草过渡期（61天后到断

奶），这3个时期需采取不同的饲养管理方案。

一、初生羔羊的饲养管理

初生羔羊需要给予特殊护理，防止其在刚出生就受到伤害。刚出生的羔羊应该及时对身体黏液和脐带进行处理，避免异物存在，引起呼吸道堵塞。注意保温和保暖，以防寒冷刺激引起感冒和不适。初乳中有羔羊需要的很多营养物质和免疫蛋白，可以提高机体免疫力，减少感染病原的风险，确保羔羊在出生后1小时内吃到初乳。

二、哺乳期羔羊的饲养管理

羔羊经过7天的初乳喂养后，在接下来几个月的时间里都是以喂养常乳为主。此阶段母乳的营养水平下降，需要对体弱的羔羊进行单独饲喂，以确保羔羊的整齐度较好。40日龄以内的羔羊，应以哺乳为主，适当地进行补饲。羔羊在本阶段生长发育迅速，15日龄即可达到出生体重的2倍。该时期母乳已经难以满足羔羊生长发育的需要，可适当补充饲料，200克以内的精料较为合适。当羔羊达到30日龄后，可以适当地补充一些干草，并供应足量清洁的温水。逐渐减少哺乳次数，让其适应外界环境，同时要适当地增加运动量，以便提升羔羊的免疫力。羔羊达到40日龄后，逐步由吃奶向吃草料进行转变，一直到90日龄。该阶段的饲料应尽量多样化，选择优质的干草、青草以及胡萝卜等，这些物质营养丰富，适口性较好，可以促进其采食，还可以将玉米粉和豆粉混合熬粥喂养羔羊，也可以促进羔羊的采食。这个时期应确定固定的喂料时间、人员以及投料次序。本阶段羔羊还需要定时进行哺乳，一般选择在早、中、晚各进行 1 次。当羔羊生长发育超过 90 日龄后，应以采食饲料和草料为主，辅助进行哺乳。羔羊白天可进行放牧，放牧应该选择地面平坦、牧草茂盛的地方，促进其运动又避免受伤。避开低洼、潮湿地带，在这些地区放牧容易引发羔羊胃肠道疾病。除放牧外，还要补充一些干草和青绿饲料。精料也是必不可少的，补饲精料量大约在 150 克，分多次供应，这样可以促进瘤胃的发育。

三、断奶羔羊的饲养管理

羔羊生长到 120 日龄左右时可以断奶。断奶前 7~15 天开始做准备工作，需增加羔羊的喂食量，尤其是增加饲料中营养物质的供给，特别是蛋白质，在即将断奶羔羊的饮水中加入一些电解多维（多种维生素类营养添加剂），用以减弱断奶时羔羊的应激反应。这个时期羔羊体重基本达到 25 千克左右，因此羔羊在断奶后就要开始进行育肥，育肥羔羊的增重量可高达 200 克/天，经过 45~60 天的育肥期，当羔羊超过 6 月龄时，其日增重开始逐渐下降，料肉比相对较低，饲养价值变差。此时，羔羊已达到屠宰的标准。

1. 注意保温防寒

确保冬季舍温维持在 10℃以上，以免羔羊冻死和感冒。

2. 尽早吃到、吃足初乳

羔羊出生后 30 分钟到 1 小时内必须吃到初乳，初乳中富含蛋白质、镁和抗体，其中镁有缓泻作用，能促进胎便迅速排出，增强机体免疫力，对于母乳不足的羔羊，应进行人工哺乳，做到定时、定温、少量多次。

3. 充足运动，做好采食训练

羔羊出生 7 天以内，可选择温暖晴朗的天气，将羔羊赶到运动场上适当运动，以增强体质，增加食欲，促进生长，减少疫病。10 天左右开始训练吃草，能够促进前胃发育，增加营养来源。15 日龄的羔羊每日补饲混合精料 50 克，1~2 月龄 100 克，2~3 月龄 150 克，3~5 月龄 200 克以上，再增补 0.5 千克青干草。2 月龄以后的羔羊逐渐以采食为主，哺乳为辅。

4. 适时断奶、断尾

羔羊一般在 3 个月断奶，最迟不超过 4 个月，过早断奶易患腹泻，生长慢，过晚则羔羊依赖母乳不利其生长发育，也不利于母羊的生产和繁殖。断奶后要注意加强补饲，日粮精粗比为 3∶2，多喂优质干草，饲料选择要营养丰富易消化。羔羊育肥都要断尾，一般在出生后 7 天内进行，可用橡皮筋在尾根部勒紧，阻断其血液循环，慢慢就会自动脱落。

5. 加强圈舍及环境管理

羊舍阴暗潮湿、闷热、通风不良等，都可引起羔羊发病，应保持圈舍内清洁干燥，并对周围环境和用具进行消毒。

6. 做好羔羊常见病防控

痢疾、口疮对羔羊的危害极大，常导致大量死亡。出生 7 天内的羔羊易患痢疾，幼年羊易患口疮，应加强母羊的饲养管理，使其产羔健壮，合理哺乳，做好圈舍和环境的清洁消毒。

第二节　育成羊的饲养管理

育成羊是指羔羊从断奶后到第一次配种的公母羊，多在3~18月龄，其特点是生长发育较快，营养物质需求量大。育成羊是饲养的最后一个环节。其目的是降低成本，育成数量更多、质量更好的羊。加强羊羔饲养管理和保健能得到相对较好的经济效益，对于养殖户意义重大。

肉绵羊在育成期，消化功能从羔羊阶段的不健全逐渐发育健全、完善。生长发育先经过性成熟，并继续发育到体成熟。一般而言，肉绵羊在4~10月龄达到性成熟，出现第一次发情和排卵，体重达到成年羊的40%~60%。但是，肉绵羊在该时期还没有发育完全，并不适宜进行配种。当肉绵羊体重达到成年羊的80%左右时，其已达到体成熟，方可适时进行配种。肉绵羊在整个育成期内生长发育较快，需要大量的营养供给，如果无法满足其营养需要，会对生长发育产生影响，导致体重较轻、体型较小、胸窄、四肢较高，造成体质变差、被毛稀疏无光泽，延迟性成熟和体成熟，无法适时进行配种，影响生产性能，甚至会失去种用价值。

一、日粮营养要全价

适量补给精料，平均每天精料量达0.4千克。日粮中粗蛋白质要达到15%~16%，注意粗饲料搭配多样化，同时还要注意补充钙、磷、食盐、微量元素。

二、保证充足的运动

优质的干草、充足的运动是培育成羊的关键。饲喂大量优质干草，保证充足的阳光照射和充足的运动能促进消化器官的充分发育，培育成体格高大，食欲旺盛的羊。

在实际生产中，育成期通常可分成两个阶段，即3~8月龄为育成前期，8~18月龄为育成后期。育成前期，断奶后的羔羊生长发育迅速，尤其是刚刚断奶的羔羊，其瘤胃容积较小且机能发育不完善，消化利用粗饲料的能力较弱，此阶段饲养管理的优劣，将对羊只的体型、体重以及成年后的繁殖性能，甚至是整个羊群的品质产生直接的影响。肉绵羊育成前期，饲喂的日粮应以精料为主，搭配适量青干草、优质苜蓿和青绿多汁饲料，确保日粮中粗纤维的含量不超过17%，粗饲料的比例控制在50%以下。

育成后期，肉绵羊的瘤胃消化功能基本发育完善，能够采食大量的农作物秸秆和牧草，但身体依旧处于发育阶段。此时的育成羊不适宜饲喂粗劣的秸秆，即使饲喂也要控制其在日粮中所占的比例不超过20%，在饲喂前必须进行适当的加工调制。公羊在该阶段生长发育迅速，需要足够的营养，可适当增加精料的饲喂量。同时，还要注意在该阶段给育成羊补饲矿物质，如钙、磷、盐等，还要补充适量的维生素A、维生素D。

三、适时配种

挑选合适的育成羊作为种用，是提高羊群质量的前提保证和主要方式。在肉绵羊生产过程中，从育成期挑选羊只，筛选出品种特性优良、种用价值高、高产母羊和公羊用于繁殖，将不符合种用要求或多余的公羊转变成商品羊生产使用。在实际生产中，主要的选种方式是根据羊自身的生产成绩、体形外貌进行挑选，同时结合系谱审查和后代测定。

育成母羊初配年龄因品种及营养状况不同存在差异，一般育成母羊在8~10月龄，体重达40千克或达到成年羊体重的65%~70%时，配种最为合适。育成母羊不如经产母羊发情明显有规律，最好配一只试情公羊，以免漏配。

四、饲养方式

刚断奶并且经过整群的育成羊，正处于早期发育阶段。冬季生产的羔羊，断奶后正逢青草发芽期，可选择放牧青草，在秋末冬初时体重可达到35千克左右。

准备充足的越冬料。入冬前，应该提前准备充足的青干草、作物秸秆等，将一切能够用于饲喂肉绵羊的饲草料收集起来。在越冬过程中，包括成年羊在内，确保每只羊每天能够饲喂2~3千克的粗饲料，同时还要适当补充精料。要对贮存的粗饲料加强管理，避免发生霉烂，注意防火。此外，还要准备适量的青绿多汁饲料，可利用农作物秸秆制成青贮饲料，或者贮存适量的胡萝卜等。

越冬阶段以舍饲为主，放牧为辅。越冬时，如果进行放牧饲养，虽然有足够的运动，但吃不饱，反而会导致羊只掉膘严重。因此，在寒冷地区冬季，肉绵羊应该以暖圈饲养为主。

防止跑青（把牲畜放在草地上吃草）。肉绵羊在春季会由舍饲逐渐过渡到青草期，此时应重点防止跑青。放牧时，应实行先阴后阳，控制游走，扰群躲青，增加采食时间，控制羊群少走多吃。同时，在羊群出牧前补给一定量的干草。

增加营养。育成羊在配种前，应选择优质草场进行放牧，提高营养水平，确保在配种前体况良好，尽量以满膘状态进入配种，从而达到多排卵、多产羔、多成活的生产目标。

公羊饲养管理的重点是使公羊维持良好膘情，体质健壮，性欲旺盛，精液品质优良。公羊进行舍饲时，要保持较大的活动场所，每只羊要占有 4 米^2 以上的圈舍面积。夏季温度过高会对精液品质产生影响，要注意加强防暑降温工作，夜间休息时确保圈舍保持良好通风。公羊 8 月龄之前不能进行采精或配种，在 12 月龄之后且体重在 60 千克左右时才能够用于配种。

育成期母羊的管理重点是满足其营养需要，确保生长旺盛，并做好进行繁殖的物质准备。母羊需要饲喂大量的优质干草，促进其消化器官发育完善。还要保证充足的光照以及适当的运动，使其食欲旺盛，心肺发达，体壮胸宽。育成母羊一般在 8~10 月龄且体重达到 40 千克，或者超过成年体重的 65%时方可进行配种。育成母羊发情不会像成年母羊一样明显和规律，须加强发情鉴定，防止发生漏配。

第三节　空怀母羊的饲养管理

空怀期是指从羔羊断奶至下期配种前的2~3个月的时间，母羊空怀期因产羔季节的不同而不同。空怀期饲养管理的重点主要是恢复母羊体况，增加体重，补偿哺乳期消耗，为下次配种做准备。空怀期母羊饲养管理的好坏将对母羊的正常发情排卵产生直接影响，特别是配种前的饲养管理对提高母羊的繁殖力尤为关键。羊的配种时间大多集中在9—11月和翌年的5—6月，产冬羔的母羊，空怀期一般在5—7月；产春羔的母羊，空怀期一般在8月、10月。该时期母羊的饲养重点是使其体况尽快恢复到中等以上，以利配种。中等以上体况的母羊发情期受胎率可达到80%~85%，而体况较差的只有65%~75%。因此，要根据哺乳母羊的体况进行适当补饲，并对羔羊进行适时断乳，使母羊尽快恢复体况。

空怀母羊虽然对饲养管理条件要求不高，但营养必须相对全面，搭配饲喂的饲草尽量多样化，可根据母羊的膘情适当增减精料饲喂量。在配种前一个半月，应加强繁殖母羊的饲养，选择牧草丰盛且营养丰富的草地进行放牧，延长放牧时间，使母羊尽可能多地采食优质牧草，尽快恢复体况，促进发情，提高受胎率和双羔率。对于产羔数少、泌乳负担轻、体质过肥的母羊，应减少日粮中精料的饲喂。对于少数体质过肥的母羊，要完全停止精料补喂，还应适当增加运动量，以利于减肥，促进正常发情排卵。经过一个泌乳期的高产母羊，由于产羔数多，泌乳负担重，自身体质消耗过大，应该在日粮中增加精料的饲喂量。对于特别瘦的高产母羊，增加精料喂量要循序渐进，让母羊逐步适应，以利恢复体质，促进正常发情排卵。通常发情配种期的空怀母羊以七八成膘情为宜。

根据空怀期母羊的营养需求，推荐的精饲料配方为：玉米58.92%、豆饼23.24%、糠麸13.59%、石粉1.95%、食盐1.00%、小苏打1.00%，添加剂0.30%。空怀期母羊配种前补饲15天，饲喂量为0.25千克/天。

第四节　妊娠母羊的饲养管理

怀孕期间母羊的饲养管理既关系到胎儿的健康成长，又会对母羊以后的生产性能产生影响。加强母羊怀孕早期的饲养管理，是有效预防胚胎早期死亡，促进母羊一胎多产的关键。母羊的妊娠期平均为150天，分为妊娠前期和妊娠后期。通常将孕育周期的前3个月划分为妊娠前期，将后2个月划分为妊娠后期，妊娠前期和妊娠后期的生理特点存在一定差异，采取的饲养管理方法也有差别。妊娠前期是受胎后前3个月，该阶段胎儿发育较慢，营养需要与空怀期基本相同，注意避免吃霉烂饲料，不要让羊猛跑，不饮冰碴水，以防早期隐性流产。

母羊在妊娠前期，胎儿尚小且生长发育缓慢，母羊对营养物质要求不高，一般饲喂良好的青粗饲草，适当搭配一定量的精料即可满足其营养需要。对部分高产且体质瘦弱的母羊，妊娠早期可适当提高精料的补喂量，但不可过多，母羊过肥并不利于胚胎在母体内正常着床和发育，甚至还会导致胚胎早期死亡。妊娠母羊所需营养物质中，蛋白质、维生素、矿物质最为重要，因此在母羊妊娠早期，要特别注重饲草蛋白质平衡,以及维生素 A、维生素 D、维生素 E 和钙的供给。

妊娠后期的母羊，由于胎儿生长发育迅速，体重逐日增加。母羊妊娠的最后 1/3 时期，对营养物质的需要量增加 40%~60%，钙、磷的需要增加 1~2 倍。如果此时营养物质供应不足，会直接导致胎儿发育缓慢，以及初生羔羊体重轻，身体素质差，抵抗力弱，易死亡。此阶段是胎儿生长发育的关键时期，应对母羊进行精心饲养和管理。营养水平要高，除正常放牧外，每只母羊每天需补饲精料、青贮料，以提高蛋白质、维生素、矿物质等营养物质供给。同时要注意含量均衡，不宜添加过多，避免出现母羊营养过剩，长期营养过剩会导致母羊过于肥胖、体质下降，不利于胎儿生长发育。每日可喂精料 0.4~0.6 千克，青干草 1~1.5 千克，青贮料 0.5~1 千克，胡萝卜 0.3~0.5 千克。为避免母羊因进食过多精料出现便秘，应在饲料中添加适量的麸皮，可有效预防与缓解母羊便秘。在妊娠期间饲喂的饲料要做到定时、定量、定温、定质。在管理上，妊娠前期防止早期流产，妊娠后期防止意外伤害和早产，并保证充足运动。喂给妊娠母羊的饲草应力求新鲜、多样化，不能用发霉变质、冰冻、带有毒性和强烈刺激性的饲料，不饮冰碴水，防止母羊受惊、拥挤，在预产前一周左右进产房。母羊产前一周，应适当减少精料的饲喂，避免胎儿身体过

大造成难产。妊娠后期每天仍坚持放牧 6 小时以上，使母羊身体得到锻炼，但放牧过程中要慢赶，避免母羊疲劳。临产前 3 天开始准备接生工作，对羊舍和分娩栏进行全面、彻底地清理和消毒，备足褥草，保持产房内卫生清洁、温湿度适中，空气干燥清新、光线充足。接产前要准备好消毒过的接产工具以及棉签、碘酒等必需的药品，以母羊自产为主，发生难产时进行助产。

第五节　哺乳母羊的饲养管理

哺乳前期需要加强营养，促进母羊泌乳。泌乳质量好，会促使羔羊生长快，发育好，抗病力强，存活率高，所以应保证母羊全价饲养。哺乳期内，需注意母羊的乳汁质量，为保证母羊乳汁充足，应加强饲料喂养和护理，以提升羔羊的成长质量。如果有些母羊不愿意哺乳，需抓住羔羊放在母羊乳头位置，使其适应喂奶过程。

羔羊的生长主要依赖母羊哺乳，因此母羊的产乳量关系到羔羊的体重增长状况，从标准体重与乳汁摄入比例分析，羔羊每增加 100 克需要母乳 500 克。所以，哺乳母羊必须有充足的乳汁才能保证羔羊的成长质量。

除了注重哺乳母羊的产乳量之外，还需保证乳汁的整体质量。应对乳汁中的蛋白质、磷、钙等成分进行化验，保证哺乳母羊的乳汁质量满足基本要求，如果乳汁质量不达标，需要对哺乳母羊进行营养补充。对哺乳母羊护理时，除了重点关注乳汁质量和产乳量外，还应对哺乳母羊进行全面护理，确保母羊有足够的光照和充足的运动量，保证其身体素质达标。

产单羔母羊每天的补饲量为：精料 0.4 千克、青干草 1 千克、多汁饲料 1.5 千克。产双羔母羊每天的补饲量为：精料 0.6 千克、青干草 1.2 千克、多汁饲料 1.5 千克。

在哺乳后期，羔羊对饲料的采食量增加，可逐渐减少母羊的补料直至停止。可以先补饲干草，营养不足时再补饲精料，使母羊维持中等膘情，在羔羊断奶后很快发情配种，增加繁殖胎数。

哺乳母羊的管理要注意把控精料用量，产后 1~3 天内，不能喂母羊过多的精料，不能喂冷、冰水。羔羊断奶前，应该逐渐减少多汁饲料和精料喂量，以防断奶后发生乳房疾病。母羊舍需经常打扫、消毒，及时清除胎衣和毛团等污物，以防羔羊吞食发病。

第六节　育肥羊的饲养管理

肉羊快速育肥是指将断奶后的小公羊饲养到 6~12 月龄、体重达到 25~40 千克，或将膘情中等的淘汰母羊，采用较高营养水平集中快速育肥 100~150 天，使其日增重基本在 0.3~0.5 千克，当育肥羊体重达到 55~70 千克以上（其日增重低于 0.25 千克）时出栏屠宰。肉羊快速育肥是肉羊生产取得最佳经济效益的最好时期，为使其潜能得到最大发挥，现将肉羊快速育肥的饲养管理技术要点总结如下，供肉羊育肥养殖场（户）参考。

一、育肥方式

1. 舍饲育肥

育肥羊在圈舍中，按照饲养标准配制日粮饲料，科学饲养管理，是一种短期强度育肥方式。该方法育肥期短、周转快、效果好、经济效益高，不受季节限制，可全年实施。生产的羊肉产品，均衡供应市场，适应市场需求。舍饲育肥能有效组织肥羔生产，生产高档肥羔羊肉，也可根据市场需求和生产季节，实施成年羊的育肥生产。舍饲育肥期一般为 75～100 天。

2. 放牧育肥

放牧育肥是将不能做种用的公羊、母羊和老残羊以及断奶后的商品羔羊集中起来，利用天然草场、人工草场或秋茬地，在夏秋牧草生长茂盛期和农作物收获后，即 8—9 月放牧育肥，1 月前后可出栏上市。它是羊育肥最经济的方式。

3. 混合育肥

它是一种将舍饲和放牧结合起来的育肥方式，即每天放牧 3～6 小时，舍内补饲 1～2 次。此方法在农区、牧区及半农半牧区均可采用，根据当地条件，灵活采用以放牧为主或以舍饲为主，或者放牧、舍饲并重等形式。

二、羔羊育肥

选用健康、强壮、早熟的公羊羔作为育肥羊，主要采用圈养方式育肥，育肥周期 50～60 天，尽量不改变羊羔的生长环境，避免产生应激反应，尽早补饲。

1. 分圈饲养

根据羔羊体况和营养状况分圈饲养，以防采食不均。

2. 减少应激

固定饲养员，不可随意更换。

3. 供给全价日粮

注意精料比例合适，精粗料比 3∶2，防止饲料中毒。

4. 注意防寒

羔羊体温调节能力差，羊舍温度在冬季需高于 10℃以上。

5. 供给清洁饮水

夏秋每日 3 次，冬春每日 2 次。

三、断奶后羔羊育肥

羔羊断奶后育肥是羊肉生产的主要方式之一，分为预饲期和正式育肥期。

1. 预饲期

预饲期约 15 天，可分为 3 个阶段。第 1 阶段 1~3 天，只喂干草，让羔羊适应新环境。第 2 阶段 7~10 天，从第 3 天起逐步用 2 阶段日粮更换干草，第 7 天换完喂到第 10 天；日粮含蛋白质 13%，钙 0.78%，磷 0.24%，精饲料占 36%，粗饲料占 64%。第 3 阶段 10~14 天，日粮含蛋白质 12.2%，钙 0.62%，磷 0.26%，精粗料比为 1∶1。

2. 正式育肥期

预饲期在第 15 天结束，转入正式育肥期。应根据育肥计划、当地条件及增重要求，确定不同的饲养管理方案。

3. 根据体重提供饲料

对体重大或体况好的断奶羔羊进行强度育肥，选用精料型日粮，经40~55天出栏，体重达到48~50千克。日粮（精饲料）配方为玉米粒96%，蛋白质平衡剂4%，矿物质自由采食。

对体重小或体况差的断奶羔羊进行适度育肥，日粮以青贮玉米为主，可占日粮的67.5%~87.5%，育肥期80天以上。日粮饲喂量逐日增加，10~14天内达到所需喂量，注意在日粮中添加碳酸钙等矿物质。

四、成年羊育肥

成年羊已停止发育，增重往往是脂肪沉积，需要加大能量供给。育肥方式和日粮标准应根据品种、体重和预期日增重等条件综合设定，强化育肥或放牧+补饲等方式都可以进行。

1. 圈舍消毒

育肥羊进舍前，要对羊舍进行彻底消毒，可采用熏蒸消毒法、喷雾消毒法或石灰消毒法。

2. 成年羊选购

购买体格高大、腰身长、眼大有神的健康羊。不要购买过老或太瘦的，否则浪费饲料还达不到预期效果，成年羊育肥时间不宜过长，以2个月为宜。

3. 分群驱虫

按羊的性别、品种、体重、年龄及个体强弱等特点分群分圈育肥，每组个体体重差异最好不超过3千克（膘度好、体重大的羊可进行短期强度育肥，提前上市）。对于购回的羊只，首先进行体内外驱虫、药浴。驱虫后1~3天，必须彻底打扫羊舍，将粪便堆积发酵，杀死虫卵。7天后再进行一次。

4. 舍饲育肥，合理配制日粮

选择最优配方配制日粮，为提高育肥经济效益，应充分利用天然牧草、秸秆、农副产品及各种下脚料，扩大饲料来源。

配方1：玉米47%，麸皮20%，麻饼10%，棉籽饼10%，豆粕10%，磷酸氢钙1%，石粉1%，食盐1%。于育肥前20天用，每日每只0.6千克。

配方2：玉米53%，麸皮20%，麻饼10%，棉籽饼4%，豆粕10%，磷酸氢钙1%，石粉1%，食盐1%。于育肥中20天用，每日每只0.8千克。

配方3：玉米63%，麸皮14%，麻饼10%，豆饼10%，磷酸氢钙1%，石粉1%，食盐1%。于育肥后20天用，每日每只1千克。

第七节　种公羊的饲养管理

一、种公羊的选择和培育

应选择繁殖能力高、配种能力强、与母羊有较高的配合力，对本场环境以及饲料情况有良好的适应性的种公羊。优质种公羊的外貌特征表现为体质结实、四肢粗壮、结构匀称、胸宽而深、后轮较为丰满、腰部强有力，留种时还要注意睾丸的情况，睾丸发育良好、雄性特征明显、精力充沛、眼神有力、敏捷活泼、性欲旺盛，凡是有隐睾、单睾、睾丸过小、畸形、雄性特征不明显的一律不可留用。需经常检查精液的质量，及时发现并剔除不符合要求的公羊，质量差的不能留作种用。应注重从繁殖力高的母羊后代中选择培育公羊，选择重在遗传，培育重在环境，只有二者紧密结合，才能把种公羊的遗传潜力遗传下去。在选择过程中，必须从羔羊出生、断奶和周岁这3个环节进行严格的筛选和淘汰。不仅要注重个体生长发育和有关性状，还要根据其亲代生产性能和主要性状进行综合考虑。培育是指在良好的环境里，满足各种营养需要，使其后代的遗传潜能发挥出来。如果环境条件不具备，或者不能满足各种营养，很难判断出其生产性能或性状表现是先天不足还是环境因素导致，给选留带来一定困难。

二、种公羊的饲料特点

种公羊的饲养需细致周到，使其肥瘦适宜，常年保持中等以上膘情。种公羊的饲料要求是营养价值高，饲料搭配多样化，营养全面，有足量的蛋白质、维生素A、维生素D和矿物质，配合饲料的粗蛋白质为14%~16%，适口性好，易消化。青饲料：优质苜蓿草、三叶草、黑麦草等。多汁饲料：胡萝卜、青贮玉米或甜菜等。精料：玉米、大麦、小麦、高粱、豆饼、米糠、麦麸等。预混料：多种微量元素（尤其补充锌元素）、多种维生素（尤其要补充维生素A、维生素D、维生素E）。需特别注意的是麦麸在混合精料中的比例最好不超过10%，太高会造成种公羊尿结石，失去种用价值。玉米粉碎后易消化，含较高热量，但喂量不宜过多，占精料的25%~30%即可。优质的禾本科和豆科混合的干草为种公羊的日常主要饲料，应尽量喂给。日粮营养不足，需要补充混合精料。

三、配种预备期的饲养管理

种公羊的配种预备期为配种前的30~45天，该时期饲养管理的目的是提高种公羊的健康度，将体况提高到适宜水平。将体格健壮、膘情较好的公羊留为种用，进行体检以检查种公羊的健康水平。为避免种公羊感染寄生虫病，在本阶段要对其进行驱虫以起到预防和治疗的作用。此外还要给种公羊进行修蹄，修蹄不仅可以保持种公羊蹄部健康、预防缺钙、防止发生蹄部疾病，还可以提高其繁殖性能，便于采精，种公羊的蹄部过长或不平整将不利于采精的操作。修蹄时注意观察蹄部是否发生畸形，如畸形则是缺钙的表现，应及时补钙并补充其他微量元素和维生素，这对提高种公羊繁殖性能十分重要。本阶段给种公羊提供的营养要适宜，逐渐调整日粮，逐步增加混合精料的比例，将精粗料比调整到3：7或4：6。除调整日粮结构外，还需调整饲喂量。配种预备期种公羊的精料饲喂量应为配种期的60%~70%，以后逐渐增加到配种期的饲喂量。在配种预备期要对种公羊进行采精训练，定期检查精液品质。配种前几天，每天给每只种公羊吃1~2枚生鸡蛋，可提高精液质量。

四、配种期的饲养管理

种公羊在配种预备期结束后即进入配种期，该时期的羊性欲旺盛，经常处于兴奋状态，表现为心神不宁，采食也不专心。这一时期的饲养管理工作需要特别留意，要少喂勤添，多次饲喂，确保种公羊采食充足，获得充分营养。整个配种期为种公羊提供的饲料要保持较高的营养水平，精液的主要成分是蛋白质，因此日粮中粗蛋白质的含量应达到16%~18%。混合精料的饲喂量应为1.2~1.4 千克，青干草为 2 千克，还需补充适当的食盐和骨粉，可饲喂胡萝卜提高精液的品质。饲喂草料时要分 2~3 次供给，还要提供充足、清洁的饮水。配种期的母羊会在一段时间内集中发情，称为配种盛期，这一时期种公羊的配种任务颇为繁重，为了保持性欲旺盛和高品质的精液，应及时提高混合精料的饲喂量，调整到每天 1.5~2 千克，同时可添加部分动物性蛋白质饲料，如鸡蛋、蚕蛹粉等。

一年中，种公羊一直处在配种或非配种的循环状态下，不同季节配种期的饲料资源存在差异，可在饲喂上做些调整。春季青草短缺，种公羊易缺乏维生素，提供干草时要注意维生素的补给，可以提高维生素类饲草料的饲喂量，如紫花苜蓿干草。夏季青草生长旺盛，但水分含量较高，种公羊青草吃多后易出现腹泻，饲喂前可将青草晾晒，或者搭配青干草饲喂。秋季是配种旺季，需增加饲喂量，尤其在采精高峰期，可每天给种公羊加喂 1~2 枚生鸡蛋。冬季气温较低，对种公羊生长发育不利，要注意能量饲料的饲喂量，并饮用温水。

五、高温季节的饲养管理

高温会引起种公羊采食量下降，营养物质摄入不足，不但使种公羊的健康受损，还会导致繁殖性能下降、性欲低下、精液质量降低，生精功能也会受到影响。因此夏季种公羊的饲养管理以防暑降温为主要目的，舍内可安装风扇加大通风量。高温天气可在舍内走廊上洒水，水槽内全天都有清凉的饮水补给。利用水降温易导致舍内过于潮湿，可在舍内放置石灰吸潮，或在地面撒少量白灰。种公羊长期生活在高温环境下会对其射精量以及精液质量产生影响，因此采精宜在较为凉爽的早上和傍晚进行，环境温度过高时，可在中午用凉毛巾冷敷睾丸，防止睾丸受到热伤害。种公羊的运动量对其精液品质和性欲有重要影响，运动量不足的种公羊易过于肥胖，精子活力下降，射精量也随之减少。运动量过大则会导致体能消耗大也不利于健康，需合理安排运动时间。在夏季高温高湿季节，可适当延长种公羊早上和傍晚的放牧时间，在中午充分休息。

六、低温季节的饲养管理

低温季节母羊发情较少，配种任务也少，可让种公羊在冬季适当休息。冬季气温不太低时，羊舍内要尽量多通风，勤换垫料，保持舍内干燥。在风雪天气和寒冷天气，不宜让种公羊外出放牧或运动，易冻伤睾丸。但是种公羊在冬季也应适量运动，可选择温度较高的中午时段在运动场内运动，以增强体质，提高性欲和精液质量。

第八节　山羊的饲养管理

山羊常见的主要养殖模式是散养、放养，随着农业现代化建设的不断发展，养殖技术得到快速地更新和完善，养殖者逐渐认识到对山羊实行标准化养殖可以对羊生存环境有较大的改善，降低疾病的发生概率，取得巨大经济收益。除此之外，采用羊的标准化养殖对提高资源利用率，保护生态环境等方面具有重要意义。但是目前很多饲养者存在管理水平不足、疾病防疫制度不健全、对疾病的判断力比较差等问题，极大影响了山羊的经济效益。

一、舍饲管理技术

在我国许多地方，山羊饲养很早就开始了，随着时代不断发展，养殖技术也在飞速提高和更新，养殖者也在不断接触新饲养技术，更加重视山羊的饲养管理工作。舍饲养山羊的管理技术主要包括山羊饲养的准备工作、圈舍的改造、山羊饲养的环境控制、草料的储备、饲养管理及山羊饲养的消毒工作，现对其进行逐一介绍。

1. 山羊饲养的准备工作

山羊饲养，首先要从准备工作开始。第一，要对所要购买的山羊品种进行充分了解，对山羊的健康状态及接种疫苗的情况进行了解和登记，避免出现因购买患病山羊而对整个羊群产生不利影响。第二，运输时，对短途运输山羊要做好相关防风和御寒，避免山羊在运输过程中出现疾病。对长途运输的山羊，在做好防风御寒工作的前提下，还要准备好充足的饲料和饮水，保证山羊在运输过程中的健康。不管是何种运输，在抓羊和称羊时，都不要太过用力，避免对山羊造成不必要的伤害。第三，在山羊进行入羊圈之前，要保持羊圈的干净和干燥，保证山羊进入羊圈能快速适应，避免出现不必要的问题。

2. 圈舍的改造

山羊生活的场所环境的好坏严重影响羊群生活质量，进而影响羊群的身体健康，影响羊群的生产。山羊圈应清洁卫生、向阳、背风，并且不能建设在交通要道上，要符合养殖场的防疫条件。另外，要考虑养殖者的经济投入，节约经济支出。

3. 山羊饲养的环境控制

在山羊饲养过程中，要重视内外环境的变化。山羊本身的体质比较敏感，经常受到各种因素的影响，出现体内代谢失衡现象，主要表现为厌食、消化不良和营养不良等。这样的状况如果一直得不到重视和解决，会演变成严重的疾病。因此，在山羊饲养过程中，要对山羊生长的内部环境进行严格控制。一方面对饲料进行合理搭配，根据山羊实际生长情况进行不同饲料的喂养，以保证山羊饲养的科学性，促进山羊的生长和发育。另一方面，在进行山羊饲养工作时，还要考虑山羊的日常活动量，提高山羊本身的身体素质。最后，在饲养山羊的过程中，要加强饲料检查，保证饲料的新鲜，同时还要检查饲料中是否存在损害山羊健

康的异物。做好羊圈日常的保暖和清洁工作，保证羊圈环境适合山羊习性，同时还要对山羊数量进行控制，保证羊圈的通风透气。

4. 草料的储备

山羊各类杂草都吃，所以对草料要求不是很严格，但是对草料质量要求较高，必须保证山羊平时所需营养物质，不能给山羊饲喂单一草料，这样不但营养单一，久而久之还容易导致山羊反感，食欲下降，身体虚弱。所以，必须合理搭配各种草料或者经常更换各种草料，让山羊具有新鲜感。

5. 饲养管理

管理羊群需要一定的科学技术，要有一定的方式方法，对不同年龄段的山羊应采取不同的管理措施。4 个月之前的羔羊，这时的羔羊主要靠吃母乳获取营养，为了让羔羊保持身体健康，提高抵抗力，最好的办法就是加强对母羊的管理，通过母羊产出高质量的奶给羔羊喝。当羊羔到五六个月之后，这时候需要对羔羊进行断奶，此时多给羔羊饲喂玉米、豆饼等。当羊成年之后，就是合理配备饲料，保证机体对各种营养物质的需要，让山羊在科学饲养下健康成长。

6. 山羊饲养的消毒工作

在进行山羊饲养工作时，必须要重视消毒工作，做好消毒工作的主要目的就是要对可能存在的病原体进行控制，防止可能会发生的山羊疫病，减少山羊饲养可能出现的经济损失。消毒工作一般就是对羊圈环境和山羊本身进行消毒，主要分为环境消毒、皮肤和黏膜的消毒及创伤的消毒。一般来说，对环境进行消毒就是使用相应的消毒剂，通常是生石灰、漂白粉等，需要进行合理调配，保证羊圈环境的干净和干燥，减少病原体。在对山羊皮肤和黏膜进行消毒时，经常会用到碘酒和酒精，一般酒精的浓度在75%左右。最后是对山羊的创伤进行消毒，使用适当浓度的高锰酸钾溶液对患处进行冲洗，减少创伤出现感染的可能。

二、山羊饲养的保健工作

通过对山羊进行保健工作，调节山羊的身体，减少疾病发生。一般来说，对山羊进行预防性的驱虫保健是非常常见的，因为寄生虫病是山羊比较常见的疾病，一旦患病会对山羊生长造成很大影响，影响繁殖能力和生育能力，严重的还会导致死亡。加强山羊的定期驱虫，可以帮助羊群健康生长。山羊是以草作为主要食物，需要从这里入手，重视山羊采食。饲养山羊要考虑饲料的搭配问题，当出现不消化的问题时，要采用能帮助消化的药剂进行治疗，增强山羊的消化机能，改善消化环境。

第五章　肉羊繁育技术

第一节　繁育技术的研究进展

近年来，全球羊肉市场需求量一直保持上升的态势，我国羊肉需求量也逐年增大，价格越来越高。但我国目前肉羊生产水平与发达国家相比，仍然存在较大差距。具体表现为：一是良种覆盖率低。目前我国地方良种的覆盖率为45%，而发达国家如新西兰、澳大利亚和美国良种覆盖率达到90%，英国、法国、德国等达到100%；二是肉羊单产能力低，我国绵羊胴体重仅为13.9千克，世界绵羊平均胴体重为15.6千克，澳大利亚和英国为20.8千克，美国高达30.1千克；三是羊肉品质差，我国以生产大羊肉为主，高档羊肉主要依赖进口，而发达国家则以生产优质的小羊肉和肥羔羊为主。形成上述问题的主要原因是我国育种技术落后，缺乏独特的肉羊新种质资源，繁殖技术推广应用程度低。

育种和繁殖是肉羊生产中非常重要的环节。育种为肉羊生产提供优质种质资源，繁殖是提高数量、规模化生产的关键环节。

肉羊产业的主要目的就是提供优质的肉羊品种，增加肉羊及其产品数量。因此，品种质量要靠育种，增加数量要靠繁殖。近年来，随着动物遗传学、分子生物学、生物繁殖技术的发展，逐渐形成了分子遗传标记辅助选择的现代选种技术、繁殖调控为主的常规繁殖技术和胚胎工程为主的生物繁殖技术。

近些年来，我国在肉羊生产和繁殖技术研究和推广方面虽然取得较大进展，但与发达国家相比仍存在不小差距，可概括为“五低”：“一低”是良种化程度低，良种覆盖率仅为50%左右；“二低”是生产能力低；“三低”是先进技术普及率低；“四低”是胚胎高新技术（胚胎工程）研究水平低；“五低”是养羊经济效益低。因此培育我国自主知识产权的肉羊新品种，加快先进的育种和快速繁殖新技术研究、集成和推广，以及建立适合我国国情的肉羊繁育技术产业化推广模式的任务十分紧迫。

养羊业作为畜牧业的重要组成部分，不仅为毛纺工业提供生产原料，也向人们提供了美味的羊肉。随着国家对畜牧业结构的调整、城乡人民的生活质量和消费水平的提高，以及国内、外对羊肉的需求量不断增加，有力地推动了养羊业的进一步发展。我国是世界养羊第一大国，2005年，我国羊存栏达到3.7亿余只。东北地区以东北细毛羊为主，近年来又引入了大量小尾寒羊，这些地方品种有抗逆性强、繁殖率高等特性，但个体产肉水平低、肉质差，在国际市场上缺乏竞争力。因此，利用引进优质肉羊品种，与之开展广泛杂交以提高产肉性能，并且通过胚胎移植技术进行纯种快速繁育，对于增强肉羊业的国际竞争能力、增加农民收入，促进肉羊产业化进程具有重大的战略意义。

胚胎移植技术是有效提高优良母畜的繁殖潜力、加速品种改良、迅速扩大良种畜群的手段，是家畜繁殖学领域的一项高新生物技术。胚胎移植的基本过程包括：供体和受体的选择、供体的超排处理及配种、受体同期发情处理、胚胎回收、检卵和移植。在我国，这一技术的研究起步较晚，1974 年、1978 年和 1980 年分别在绵羊、奶山羊和奶牛上获得成功，并在 20 世纪 80 年代后期至 90 年代初胚胎移植技术开始在生产中应用。

同期发情和超数排卵是家畜胚胎移植技术中的两个至关重要的环节。同期发情在畜牧业生产中具有十分重要的意义，可以促进冷冻精液更广泛应用，使人工授精成批集中定时进行，改进家畜发情周期及发情表现以提高繁殖力。胚胎移植技术成功的重要关键技术是通过同期发情，使供受体母畜的生殖器官处于相同的生理状态，提供胚胎正常发育的生理环境；通过人为地控制母畜同期发情，研究其繁殖生理，可以揭示发情母畜体内的生理调节机理。

人工授精技术和精液冷冻技术的应用，成百倍、千倍地提高了优秀种公畜在品种改良中的作用，而母畜在品种改良中的作用总是受产仔率和世代间隔的限制。正常情况下，母畜卵巢内的卵母细胞能排卵的不到 0.1%，排出的卵母细胞中又有许多不会发育成仔畜。卵巢中闭锁卵泡内的卵子不能被利用，这就限制了优秀母畜后代数量的扩大。采用超数排卵技术就有可能使那些闭锁卵泡内的卵子得以利用，使每次排卵由 1~3 个增加至 10~20 个，达到充分利用卵母细胞资源的目的。通过超数排卵和人工授精，可产生大量优秀个体的胚胎，再把这些胚胎移植给受体，就可以使优秀血统母畜的后代数量迅速增加，缩短世代间隔，增加选择强度，充分发挥优良母畜在育种中的作用，加速育种进程。超数排卵反应良好的供体，一次超排处理所获得的胚胎，移植后有可能获得其终生繁殖后代的总和。

我国在高档羊肉的生产方面技术较低，推广应用现代繁育技术水平还比较低，良种程度低、生产能力低、技术程度低、胚胎工程技术水平低、使农牧民增收能力低，因此大力推广使用同期发情、人工授精和胚胎移植等技术能够解决上述问题。

第二节　同期发情技术

同期发情是近年来现代化畜牧业生产中发展起来的新的繁殖控制技术，是由诱发发情演化而来，是实行新的繁殖控制技术的关键。控制母畜同期发情对缩短配种时间、推广人工授精技术、减少不孕、提高繁殖率，以及有计划合理地组织畜牧生产具有重要作用，同时也是要进行动物胚胎移植的必需手段之一。实现养羊产业化，必须走规模化经营之路。规模化养殖，必须集成系统养殖技术实现优质高效。同期发情技术的应用，可实现不同生理阶段的羊群集中发情、配种、产羔、育肥、出栏，进行工厂化生产。

一、同期发情的概念

在自然情况下，雌性动物在繁殖季节里出现的发情是随机的、零散的。同期发情是对群体母畜采取措施（主要是用激素或类激素药物处理，一些母畜还可通过改变管理措施，如母猪可同时断奶），人为地控制并调整母畜发情周期，使之发情和排卵相对集中在一定时间范围内的技术，亦称发情同期化。通过同期发情技术将原来群体母畜发情的随机性人为地改变，使之集中在一定的时间范围内，通常能将发情集中在结束处理后的2~5天。

同期发情技术对规模化养羊企业和分散的个体养殖户均适用。山羊的发情周期平均为21天，每天平均应有4.7%的母羊发情；绵羊的发情周期平均是17天，平均每天有5.9%的羊发情。母羊经过同期发情处理后，可在短时间内完成配种任务，大大缩短配种时间，减少开支。更重要的是同期发情有利于人工授精技术的实施与广泛应用，充分有效地发挥优良种公畜的作用，使后代的生产性能或产品质量得到一定提高和改善。同时，母羊的妊娠、产羔时间相对一致，育肥、出栏时间集中，便于统一饲养管理，减少管理开支，降低生产成本，有利于规模化和订单化畜牧业生产。

二、同期发情的原理

同期发情处理主要是借助外源激素作用于卵巢，使其按照预定的要求发生变化，使处理动物的卵巢生理机能都处于相同阶段，从而达到发情同期化。

母畜的发情周期，从卵巢的机能和形态变化方面可分为卵泡期和黄体期两个阶段。在较短的卵泡期中，引起发情的原因是卵泡所分泌的雌激素；在较长的黄体期，由于黄体生成的孕激素抑制了卵泡发育，使母畜不再发情。如果孕激素一直存在并维持一定的水平，则发情就不会出现。同期发情的一种途径是向一群母畜同时施用孕激素类药物来抑制卵泡的生长发育和发情表现，经过一定时间后同时停药，由于卵巢同时摆脱了外源性孕激素的控制，卵巢上周期黄体也已退化，于是同时出现卵泡发育和发情。这种情况实际上是人为地延长了黄体期，延长了发情周期。

在自然性周期中，黄体退化后，孕激素急剧减少，下丘脑和垂体前叶摆脱了孕激素的抑制作用，重新分泌促性腺激素释放激素和卵泡刺激素、促黄体生成素，于是又进入卵泡期，母畜开始发情，而黄体退化是由于子宫分泌前列腺素所致，故在同期发情技术中的另一途径是向一群处于黄体期的母畜施用前列腺素，使一群处于不同阶段黄体期动物的黄体同时消退，使卵巢提前摆脱体内孕激素的控制，于是卵泡得以同时开始发育和发情。这种情况实际上是缩短了母畜的发情周期。

上述两种途径是通过使黄体的寿命延长或缩短，使母畜摆脱内、外孕激素控制的时间，而在同一个时期引起卵泡发育以达到同期发情的目的。

三、同期发情的药物

1. 抑制卵泡发育的药物

这类药物主要是孕激素类，包括孕酮、甲孕酮、氟孕酮、甲地孕酮、氯地孕酮以及18-甲炔诺酮等。这些药物能抑制垂体促卵泡素的分泌，形成人为的黄体期，从而抑制卵巢上的卵泡发育和成熟，使母畜不发情。这类药物的用药期通常短于或相当于一个正常发情周期的时间。用药方法主要有：口服法、埋植法、注射法、阴道栓塞法。

在用孕酮阴道栓进行同期发情处理的时间上，多数研究人员认为最佳处理时间为9~13天。用孕酮阴道栓对山羊进行同期发情处理认为，12天为最佳处理天数。

2. 溶解黄体的药物

主要应用的是前列腺素及其类似物，最常用的是氯前列烯醇、前列腺素和律胎素。20世纪70年代，前列腺素合成成功以后，用前列腺素及其类似物对动物进行肌肉、皮下或子宫颈注射，获得理想的同期发情效果，由于其效果集中且稳定，使用方便，所以在生产中得到了广泛的应用。

子宫内膜分泌的前列腺素是多种哺乳动物的生理性溶黄体因子，主要通过内分泌和旁分泌方式促进黄体溶解，也可通过自分泌方式影响黄体功能。

由于前列腺素是通过溶解黄体作用导致母畜同期发情的，因此对卵巢上没有黄体的动物无效。牛、羊的黄体在7~10天发育至最大，只有发育充分的黄体才能接受前列腺素的作用。17天以后，黄体萎缩，新的卵泡已得到相当程度的发育。因此，前列腺素注射的最佳时间为9~12天。如果要获得群体母羊发情的效果，可在第一次注射后经过10~12天再用前列腺素处理一次。应用氯前列烯醇处理绵羊两次，同期发情率和情期受胎率均在 90%以上，效果十分显著。应用氯前列烯醇对于绵羊同期发情效果是可靠的，而且具有处理程序简单、易于推广的特点。

运用前列腺素对供体进行同期发情处理，一般是和促性腺激素类药物联合使用，在卵泡刺激素处理的最后一天分两次或一次注射，一般在 48 小时内皆可发情。利用雌二醇也可诱发山羊的黄体溶解，在发情周期的 11~14 天，每天注射 400 微克雌二醇。

四、同期发情的研究

早期同期发情的处理方法以口服或注射一定量的孕激素，持续 16~20 天，因受胎率仅为正常配种的 70%，故未能显示其经济效益，因而没有受到重视。1960 年至今，生殖生理和生殖内分泌方面的知识迅速积累，多种经济有效的激素制剂上市，为研究同期发情技术并使之实用化提供了坚实的基础。鉴于连日逐头口喂或注射药物工作繁重和惊扰动物，或将药物混入饲料中饲喂难以定量摄取，一直以来这些方法难以在生产中推广。1970 年以后开发了孕激素耳背皮下埋植法和孕激素阴道栓法。最初的阴道栓是海绵中吸入一定量的孕酮，由于丢失率高，现已不再采用。现在使用的是螺栓状和“Y”状。这两种方法均能保证孕激素稳定持续释放，于处理期间有效地抑制雌性发情和排卵。试验表明，较长期的外源孕激素（16~20 天）可使子宫内环境改变，不利于精子的运行、存活和受精，影响受胎率，现已改为处理 9~12 天。但仅用孕激素短期处理后母畜的发情率较低，因此在阴道栓和埋植物中加入一定比例的雌激素或处理开始时注射一定的雌激素以加速黄体消退。处理结束后给予一定量的促性腺激素释放激素，以促进卵泡发育和排卵，提高配种后的受胎率。

前列腺素的溶黄体作用发现后，1970 年又开辟了另一类同期发情的途径。已发展了前列腺素及其高效类似物前列腺素一次或二次用药以及结合孕激素的方法。目前牛同期发情技术已广泛应用于肉牛人工授精，肉牛和奶牛的胚胎移植等方面。随着牛同期发情的研究成功，人们相继对其他畜种开展了试验，并取得了相应的成功。

中国对同期发情方面的研究始于 1976 年，当时的北京农业大学畜牧系开始研究进口和国产激素控制母牛同期发情的技术。各地的科学工作者对国外报道的方法都进行了重复试验，在黄牛和水牛中同时开展。稍后对绵羊、山羊进行了试验。目前同期发情技术主要用在牛的胚胎移植方面。其次应用在农村地区牛和水牛人工授精杂交改良。国产氯前列烯醇质量已渐稳定，由于其用药方便、价格便宜，已被广泛采用。

五、影响同期发情的因素

1. 品种

羊的不同品种的同期发情率是不同的，即使是同一品种的不同个体也存在一定的差异。用孕激素+孕马血清促性腺激素处理绵羊、山羊同期发情时，山羊的同期发情率为 91.38%，而绵羊的为 93.88%。

2. 处理方法

受体羊的处理方法是影响同期发情的关键技术。目前，人们还在不断地研究各种激素的最佳处理方法，以促进羊同期发情，提高受体羊同期发情率。

3. 季节

季节也是影响山羊同期发情处理效果的一个重要因素。季节的变化对山羊繁殖的影响实质是温度变化对激素水平的影响。

羊在非繁殖季节，卵巢处于静止状态，血液中的促性腺激素水平很低，使用孕马血清促性腺激素诱导母羊发情必须预先用孕激素处理才能启动。这对于提高山羊在发情淡季的发情率有一定的意义。

4. 激素

使用不同的激素及不同的剂量，不同的生产厂家、不同的放置时间等都会影响同期发情的效果。

5. 饲养管理

羊饲养管理的状况，特别是受体羊的营养状况会对同期发情产生一定的影响。李秋艳报道，膘情中等以上的羊和膘情较差羊同期发情率分别为 96.0%和 77.8%。因而，在生产实践中，对羊在配种前以及配种期要注意合理的饲养管理并加强运动，尤其在繁殖季节对母羊要饲喂足够的蛋白质、维生素和微量元素等营养物质以提高其同期发情效果。

6. 受体羊年龄

受体羊年龄对同期发情具有重要的作用。海丽且木的研究表明，受体羊年龄对同期发情效果影响显著，青年羊与经产羊经前

列腺素处理 36 小时后，发情率分别为 57.89%和 32.61%，结果差异显著。

六、实施发情调控时的注意事项

一是对母羊实施发情调控，必须有 40 天以上的断奶间隔，哺乳会导致母羊垂体前叶促乳素分泌量增高，同时引起下丘脑“内鸦片”的分泌量增高，这两者的作用使促黄体生成素的分泌量和频率不足。发情调控处理的母羊，必须有较好的体况和膘情，否则就会影响到处理母羊的受胎率。

二是在进行发情调控，特别是对非繁殖母羊实施诱导发情时，必须坚持 3 个情期的正常配种。非繁殖季节母羊的诱导发情在技术上有较大的难度，主要是受母羊产后生殖生理的限制，母羊此时卵巢的活性很低。处理的重点应当施以较大剂量刺激母羊卵巢，经过一定时间的刺激，突然撤除孕酮配合促性腺激素，可能使大多数母羊出现发情并排卵，即使第一情期未妊娠，在随后出现的第二、第三个情期，也会受胎。所以，必须坚持处理后 3 个情期的正常配种。

三是非繁殖季节诱导发情处理母羊的同时，必须同时重视公羊的生殖保健处理。非繁殖季节，母羊卵巢处于相对静止状态，而此时的公羊也同样处于睾丸活动的相对静止，在处理母羊的同时对公羊也采取相应生殖保健处理，保证公羊的配种能力，提高受胎率。

四是在进行发情调控处理时，还应特别选用配套技术。配套技术包括配套的药物、统一的程序、优化人工授精技术、首次配种时间、母羊发情状况的确定、早期妊娠诊断、复配管理等。只有采用综合配套技术，才能保证处理的效果。

第三节 人工授精技术

人工授精技术，是利用器械采集公畜精液，对其进行品质检查、稀释、保存等适当处理后，使用器械将精液输送到发情母畜生殖器官内，使其受孕的一种配种方法。人工授精不仅可以提高种公羊的利用率，还可以提高母畜的受胎率，在加速羊群改良进程的同时，防止疾病的传播。其主要环节包括：采精前准备、精液采集、精液品质检查、精液稀释、保存和运输、母羊发情鉴定和输精。

一、采精前准备工作

1. 器械消毒

人工授精操作中所需器械均须消毒、干燥，存放于指定清洁柜内或烘干箱中备用。假阴道消毒首先需用2%的碳酸氢钠溶液清洗，再用清水冲洗数次，然后用75%的酒精消毒，最后于使用前用生理盐水冲洗。集精瓶、输精枪、种公羊调教器、玻璃棒、存放稀释液及生理盐水的玻璃器皿需在使用前清洗干净，并于高压灭菌锅内消毒备用。金属制品：开膣器、镊子、盘子等，使用前首先用2%的碳酸氢钠溶液清洗，再用清水冲洗数次，擦干后用75%的酒精或进行酒精灯火焰消毒。

2. 场地的消毒

配种无菌室要求干净，地面平整，光线充足，面积为 10～12 米^2，室温为 18～25℃最宜。条件限制的情况下也可选择宽敞、平坦、清洁、安静的室外场所。日常消毒使用 1%新洁尔灭或 1%高锰酸钾溶液进行喷洒消毒，须于采精前和采精后各进行 1 次。每星期对采精室进行 1 次熏蒸消毒，常用药品为 40%的甲醛溶液 500 毫升，高锰酸钾 250 克。

3. 种公羊的选择与管理

后备种公羊在体格发育良好，且体重达到成年公羊 70%时，便可进行初配，通常在 8～10 月龄时承担轻度配种任务。初配公羊常见性反射不敏感，不爬跨母羊，此时需加以调教，常用调教方法如下。

（1）将发情母羊的尿或分泌物抹于公羊鼻尖，此时种公羊会因外部刺激引起性欲而爬跨母羊，经几次采精后即可调教成功。

（2）将种公羊与母羊混群饲养，通常一段时间后种公羊会产生性欲爬跨母羊。

在上述方法效果不佳时，可采用让待调教的种公羊观摩其他公羊采精方式，人工辅助其爬跨或辅助其空爬数次，但注意不要让其射精，以免降低种公羊的性欲。此外，每日早晚各按摩 1 次睾丸，每次持续 10～15 分钟，调整日粮，改善管理，加强运动等均有利于种公羊的调教。

调教种公羊应选择场地宽敞、安静、避风、平坦、清洁场地，调教的人员要保持固定，不要随意更换人员，以避免因人为因素对调教结果造成不良影响。调教过程中，需耐心诱导、反复进行训练，切忌不要有强迫、恐吓、甚至抽打等不良的刺激，以免造成调教困难。当获得第1次爬跨采精成功后，还需经过十余次重复，便于公羊巩固性反射条件。

4. 假阴道的安装

假阴道的安装，需先将内胎装入假阴道外壳，然后装上集精瓶，安装过程需注意内胎平整，不要出现皱褶。通常为了保证假阴道有一定的润滑度，可使用清洁玻璃棒蘸少许灭菌凡士林，均匀涂抹在假阴道内胎和前1/3处。假阴道注水孔注入少量温水，控制假阴道温度保持在40~42℃接近母羊阴道内温度，水约占内胎空间的70%，注水后，还需通过气体活塞吹入气体，使内胎表面呈三角形合拢而不向外鼓出为宜。

二、精液的采集

采精工作需集中精力，动作迅速，沉着而敏捷。采精时注意手指、手臂或假阴道的边缘不要触碰到公羊阴茎露出的部分，更不能用手去捉握阴茎外露部分或用假阴道向阴茎上硬套。当公羊阴茎插入阴道后，注意不要将假阴道向公羊腹部推送。固定好假阴道，防止因摇摆影响采精。

1. 采精前的准备

台羊的准备：台羊应选择健康无病、发情旺盛、体格大小适中的母羊，将其后躯擦拭消毒后保定在采精架上备用。

种公羊的准备：采精前30分钟用温热的湿毛巾将种公羊的阴茎擦拭干净。

假阴道的安装消毒：采精前30分钟提前将假阴道按上述操作步骤安装和消毒，并置于40℃水浴锅内恒温，使用前用75%酒精棉球擦拭消毒，待酒精气味挥发后方可使用。

集精杯的安装：将集精杯保温瓶内装35℃的温水，装好集精杯，并将集精杯保温瓶安装在假阴道上。

采精水温：假阴道夹层水温冷季节控制在45~55℃，暖季节控制在42~45℃，保证采精时假阴道内壁的温度在38~40℃最适。

润滑剂：用灭菌玻璃棒蘸取润滑剂由外向内涂抹在假阴道的前1/3处。润滑剂常用灭菌的凡士林与石蜡油按1∶1配制。

吹气调压：向假阴道夹层内吹入适量的空气，使假阴道形成一定的压力。通常合格的假阴道在吹气调压后，口部会形成三角形，即“Y”字形。

假阴道只有在适宜的温度、润滑度和压力下，才能顺利采精。

2. 采精方法

采精人员蹲于台羊右后侧，右手持假阴道与地面呈35°角，当公羊爬到台羊背上并伸出阴茎时，迅速将假阴道紧贴台羊尻部，左手轻托公羊阴茎，将阴茎导入假阴道内。当公羊抬头挺腰向前冲时即表示射精。公羊射精后滑下台羊时取下假阴道，并立即将假阴道竖立。收集精液时应先将假阴道水平放置，排除空气，注意防止水混入精液，之后取下集精杯，盖上杯盖，立即送检精室检查。

3. 采精注意事项

冷季节采精时，需在集精杯的保护瓶中加入适量温水，并使用毛巾包裹假阴道，以保证精液在一定的温度范围内，需注意防止阳光照射。

采精频率要适当，通常种公羊每周可采精 3 天，每天可采精 1~2 次。采精时，需注意保证环境安静，避免多人围观，以免影响公羊射精。

精液收集后应立即保温送检精室检查，精液在运输过程中切忌剧烈震荡，尽可能缩短运输时间。

采精的时间、地点及采精人员应保持固定，有利于公羊形成良好的条件反射。

一次爬跨即可采精最宜，多次爬跨易使精液受到污染。

随时注意观察种公羊特性，以便及时调整假阴道内胎的温度和压力。

三、精液品质的检查

精液品质检查的目的是为了评定精液品质的优劣，以便决定是否用于输精配种，同时，也为确定精液稀释倍数提供科学依据。

1. 精液量

单层集精杯通常标有刻度，采精后可直接观测读数；双层集精瓶，则需倒入带有刻度的玻璃管中观测或用 5 毫升注射器吸入后测量。公羊一次采精的精液量一般为 0.5~2.0 毫升。

2. 精液颜色

正常精液的颜色为乳白色或略呈浅黄色。如精液呈浅灰色或浅青色，是精子少活力低的特征；深黄色表明精液内混有尿液；粉红色或红色表明精液内混有血液；红褐色表明尿道中有损伤；淡绿色表明精液中混有脓液；如果精液中有絮状物质则说明精囊发炎。凡是颜色异常或有异物的精液均不得用于输精。

3. 精液气味

正常精液气味微有腥味或无味，若精液有尿味或脓腥味时，则说明精液异常，不得用于输精。

4. 云雾状

肉眼观察采取的公羊精液可以看到因精子运动所引起的翻腾活动，似云雾的状态，称为云雾状。精子的密度越大，活力越强，则其云雾状越明显，因此可根据云雾状初步判断精子的活力和密度。

5. 精子活力

精子活率：精子的活率是指在38℃的室温下直线前进的精子占总精子数的百分率。精子活力多采用百分率来评定，如直线运动的精子占总数的80%，则说明精子活率为80%。原精活率应在60%以上。精子活力是评定精液品质优劣的重要指标，一般对采精后的鲜精、稀释后的精液及冷冻后的精液使用前均须进行活力检查。常用方式如下：使用干净玻璃棒蘸取少许待检精液（若为原精液可用等渗生理盐水或稀释液稀释，混匀），滴在干燥载玻片上，盖上盖玻片，在37~38℃温度中用400~600倍的显微镜观察，观察时室温不得低于18℃；全部精子都做直线运动评为1级，

90%的精子做直线前进运动为0.9级，以此类推。

6. 精子密度检查

精子密度：是指每毫升精液中所含的精子数。取1滴新鲜精液在显微镜下观察，根据视野内精子分布状况分为密、中、稀三级。“密”是指在视野中精子的数量密集，精子间的距离小于1个精子的长度；“中”是指精子之间的距离约等于1个精子的长度；“稀”为精子之间的距离大于1个精子的长度。精确计算精子密度可使用血球计数器在显微镜下进行测定和计算，每毫升精液中含精子25亿个以上者为“密”，20亿~25亿个为“中”，20亿个以下为“稀”。

四、精液稀释

精液稀释针对鲜精可以扩大精液量，便于人工授精操作；针对冻精可以延长精子存活时间，利于保存和运输。

有研究表明，低温条件下，可以有效降低精子的代谢活力，减缓精子的能量损耗，从而延长精子的存活时间；而在室温条件下精子的活动明显加剧，能量消耗过快，从而急剧缩短其存活时间；适量添加葡萄糖和卵黄等物质能够满足绵羊精子营养的需求和耐低温打击以防止冷休克。

五、输精

1. 输精前的准备

输精人员应穿专用工作服，输精前需用肥皂水洗手，再用75%酒精消毒，生理盐水冲洗。将清洁的开膣器、输精枪、镊子用纱布包好，一起用高压锅蒸汽消毒。母羊经发情鉴定合格后才能进行输精，最好在母羊发情的中后期或发情开始后的12～18小时内输精。输精前用1/1 000新洁尔灭或75%酒精棉球擦拭母羊的外阴部。母羊要加以绑定，使其前低后高，防止精液倒流。

2. 解冻

冻精颗粒常用湿解法解冻。向灭菌试管内注入解冻液，水浴加热至38～40℃，取一颗冻精颗粒放入，轻轻摇动，待冻精颗粒化至1/3时取出，并摇动至完全融化。镜检活力达0.13以上者方可用来输精。

3. 输精操作与时间

输精操作过程需做到“慢插、适深、轻注、缓出”八个字。输精量和输入有效精子数与母羊的种类、状况（体型大小、胎次、生理状态等）、精液保存方式、精液品质、输精部位及输精人员技术水平等均有一定关系。

适宜的输精时间是根据各种母羊排卵时间、精子和卵子的运行速度、到达受精部位（输卵管壶腹部）的时间，以及它们保持受精能力的时间、精子在母羊生殖道内完成获能时间等综合决定的。总的说来，母畜在排卵前的4～6小时进行输精较为适宜。

精子在完成获能后即可以到达受精部位，生命力较强的精子与排出不久的卵子相遇受精。如果输精过早，当卵子到达受精部位时，精子已衰老或丧失受精能力甚至已死亡，从而降低受精能力；输精过迟，即便精子具有很强的受精能力，但卵子因排出时间过久而衰老，同样不能受精。在使用冷冻精液输精更应注意适时授精，因冷冻后的精液，其精子在母畜生殖道内的存活时间会比液态保存精液特别是比新鲜精液存活时间短。

4. 输精方法

综合近几年国内外的试验资料，一般常用的输精方法有以下3种。

（1）传统子宫颈输精法配合开膣器。扩大阴道，借助一定光源寻找子宫颈外口，将输精枪插入子宫颈1~2厘米，慢慢输入精液。该方法可直接看到输精枪插入位置，但输精部位浅，受胎率较低。

（2）子宫颈深部输精法。此方法需穿过成熟母羊子宫颈，输精部位较深，便于精子通过子宫颈和卵子结合，可用冻精输精，在繁殖季节，使用该方式配种产羔率可达50.7%~82.0%。

（3）腹腔镜宫内输精法。腹腔镜输精可直接将冻精输入子宫内，与常规输精相比可显著提高冻精受胎率。通常受胎率最高可达55.45%，较常规输精高20.97个百分点。

第四节　胚胎移植及超数排卵技术

胚胎移植也称受精卵移植，是胚胎工程的重要组成部分，目前已成为较成熟的生物技术。澳大利亚、新西兰、加拿大和美国等国已普遍在育种工作中采用，结合超数排卵，效果较为显著，新鲜胚胎和冷冻胚胎移植妊娠率分别达60%和50%以上。近年国内引进优良品种实施超数排卵处理和胚胎移植技术的研究与应用发展迅速，由过去的新疆细毛羊发展到国外引进绵羊品种如萨福克、德克赛尔、杜泊和波尔山羊品种等；过去仅在内蒙古、新疆牧区实施，目前已在全国各地示范推广。但是开展羊胚胎移植及相关生物技术除了成本高外，移植妊娠率还不够理想。妊娠涉及胚胎和母体子宫间妊娠信号的建立、附植发生和胎盘形成等一系列生理、生化过程，并受胚胎质量、供受体同期化水平、受体的体况、黄体的质量、胚胎移植技术和胚胎体外操作等因素的影响。

胚胎移植可使优秀母畜最大限度地发挥繁殖潜力，可在较短时间内达到后裔测定所要求的后代个体数量，提早完成后裔测定工作，增加选择强度，缩短育种进程。

一、胚胎移植

胚胎移植是将良种供体母畜早期胚胎取出，移植到同种生理状态相同的母畜体内，使之继续发育成为新的个体。提供胚胎的母畜称为供体，接受胚胎的母畜称为受体。胚胎移植实际上是生产胚胎的供体母畜和养育后代的受体母畜分工合作，共同繁育后代。所以有人通俗地把胚胎移植叫作“借腹怀胎”或“借腹生子”。

胚胎移植过程和移植机理的研究已成为胚胎生物技术领域的热点，具有很强的理论和生产实际意义。目前国内外普遍采用促卵泡素（卵泡刺激素）对羊进行超数排卵处理。有研究证实，卵泡发生与血浆卵泡刺激素浓度周期性出现峰值有关；优势卵泡的选择过程与卵泡刺激素浓度下降和卵泡与促黄体生成素获得反应能力有关。

1. 胚胎移植发展概况

自1890年胚胎移植获得两只仔兔以来，胚胎移植技术已有100多年的历史。直到20世纪30年代才得到畜牧兽医工作者的重视。研究工作首先在绵羊上获得成功。到20世纪50年代初，又相继在山羊、猪、牛、马上取得成功。我国这一技术研究起步较晚，1974年在绵羊上获得成功，1978年在奶牛上成功，1980年在奶山羊上成功，20世纪80年代中期以后，绵羊、奶牛、家兔和奶山羊的冷冻胚胎移植和胚胎分割先后成功。20世纪90年代以来，家兔、绵羊、牛和山羊的体外受精，山羊的胚细胞移植和奶牛、绵羊的性别控制也相继成功。20世纪80年代后至90年代初，奶牛、安哥拉山羊和绵羊的胚胎移植开始在生产中应用。

在正常情况下，母畜卵巢内卵母细胞能排卵的不到0.1%，排出的卵母细胞中又有许多不会发育成仔畜。卵巢中闭锁卵泡内的卵子不能被利用，这就限制了优秀母畜后代数量的扩大。采用超数排卵技术就有可能使那些闭锁卵泡内的卵子得以利用。通过超数排卵和授精，可产生大量优秀个体的胚胎，再把这些胚胎移植给受体，就可使优秀血统母畜的后代数量迅速增加，加速育种进程。胚胎冷冻保存技术的成熟，可实现胚胎的远距离运输，以替代活畜运输，减少因运输活畜而传播疾病的机会，还可降低运输和检疫费用。

2. 胚胎移植存在的主要问题及发展前景

（1）胚胎移植存在的主要问题。胚胎移植技术是一个复杂而又细致的技术，由许多环节所构成，这些环节有严格的系统性和连续性，因此要求所有的步骤和细节准确无误。目前，胚胎移植还存在许多的问题，如羊的胚胎采集和移植大多采用手术方法，不仅易造成粘连，而且操作也不便；体外受精技术的发展为胚胎的来源提供了新的途径，且成本较低，但这些胚胎不能作为种用，纯种动物的胚胎来源目前主要是超排，对于超排的结果现在还不能预测；胚胎移植费用高，人力和时间消费也多，物质条件要求较严格；市场需求与经济效益以及技术水平等都是必须考虑的问题。

（2）胚胎移植的发展前景。胚胎移植技术虽然已经成熟，但对于不同品种和不同个体的动物如何改善超排效果、简化技术操作过程、提高移植妊娠率方面还有很多的工作要做。目前，我国牛羊胚胎移植技术在近年推广应用基础上，在生产中显示出越来越大的作用。其他胚胎工程技术的研究和发展都需要胚胎移植技术作为必要的技术手段，因此动物胚胎移植技术的应用前景十分广阔。

二、羊胚胎移植的技术环节

羊的胚胎移植是近几十年发展起来的一项生物技术。利用该技术可充分发挥优良母羊的繁殖潜力，进而扩繁高产畜群，同时也是进行育种工作的有效手段。胚胎移植技术在胚胎工程的研究中也发挥了重要的作用，是研究胚胎冷冻、胚胎分割、胚胎嵌合、胚胎性别鉴定、体外受精、细胞核移植等技术的基础。

胚胎移植的基本过程包括：供体和受体的选择、供体超排处理和配种、受体同期发情处理、胚胎回收、检卵和胚胎移植。

1. 供体母羊的选择

选择供体的首要条件是其遗传品质（生产性能）优秀，个体大、体型结构好，遗传性稳定，系谱清楚，具有较高的种用价值或生产性能；繁殖机能正常、泌乳能力强，有一胎以上正常繁殖史的空怀母畜，既往繁殖力较高；健康无病，生殖器官正常，观察两次发情，间隔正常。重复超排的供体，应选产胚多，反应敏感，最好是对超数排卵反应好的母羊，内分泌和生理机能稳定，营养状况适宜，没有传染病、难产和繁殖病史。

2. 受体羊的选择

胚胎移植中对受体的要求主要是健康状况和繁殖性能，对品种和生产性能一般不作要求。故受体应选择体况良好、性情温顺、母性好、健康无病（布鲁氏菌病、寄生虫病、产科疾病、生殖道疾病、习惯性流产等疾病）、生理系统正常、发情周期明显，注意不可接触公畜，营养均衡，膘情正常，利于受胎，最好是经产母羊。体况差、有繁殖障碍或其他疾病、年老体衰或年幼母畜，都不宜选作受体。选择受体时虽对品种不作要求，但不同品种繁殖力不同，应尽可能选择繁殖力高的品种作受体。此外，考虑到分娩问题，不宜选用体型过小或后备母畜作受体。

3. 供体羊超排处理和人工授精

超数排卵是指在母畜发情周期中选择适当时间，注射外源促性腺激素使卵巢比自然状态产生较多的卵泡发育并排卵的一项技术。

哺乳动物的卵巢在出生时含有20万~40万个卵母细胞，但在动物经过自然发情排卵后排出的卵子仅有数十个。应用超排技术可使每次排卵由1~3个增至10~20个，这样可以开发利用卵巢上的卵母细胞资源，提高母畜的繁殖能力。迄今为止，超数排卵仍然是获得大量整齐、优质的卵子或胚胎的适用方法，同时也是进行胚胎移植、转基因动物、克隆等研究的基础之一。胚胎分割和卵子体外受精技术所需设备条件和操作技术要求较高，在现实生产条件下难以办到，只能作为胚胎来源的补充，超排仍是胚胎移植的重要技术环节。达到性成熟母羊的卵巢上，具有一层以上细胞围成的原始卵泡8万~12万个，具有3~4层颗粒细胞围成的卵泡和次级卵泡数有100~400个。但是母羊排卵数远远小于出现的大卵泡数，大部分卵泡在发育过程中闭锁或消失。有研究表明，有腔卵泡会因外源性促性腺激素的刺激而排卵，而有腔卵泡的形成及生长期卵泡的发育，又完全受卵泡刺激素和促黄体生成素的控制。在自然状态下，动物卵巢上约99%的有腔卵泡发生闭锁退化，仅有1%可以发育成成熟排卵。每次发情期之前优势卵泡加速生长，利用了全部促性腺激素，致使其余小的有腔卵泡发生闭锁退化。超数排卵就是应用超过体内正常水平的外源促卵泡激素，促使99%将要闭锁卵泡正常发育，并于排卵前注射促黄体生成素类制剂，补充内源性促黄体生成素的不足（也有人认为不必补充外源性促黄体生成素），以确保所有成熟卵泡可以同时排出。

（1）用于超排的主要激素。

卵泡刺激素：是一种较为常用的超排激素，由于其在动物体内的半衰期短，因此须定时定量多次注射，处理程序繁琐。其优点是药效比较稳定，超排效果较好。缺点是工作量大，操作繁琐。

孕马血清促性腺激素：一种糖蛋白激素，是动物中广泛应用的超排激素，具有卵泡刺激素和促黄体生成素双重作用，但由于其分子中 N-乙酰-神经氨酸含量较高，使孕马血清促性腺激素在动物体内半衰期较长，高于促黄体生成素。因此，对使用剂量要求较为严格，受其半衰期长的影响，在注射剂量较高时容易导致卵巢囊肿、黄体早期退化、胚胎发育异常、超数排卵的季节性变异范围大等问题的发生。这些不仅影响超数排卵的效果，同时对胚胎质量也会造成一定的影响。其优点是成本较低、节省人力资源；缺点是超排效果不够稳定。近年来有研究发现，研制成抗孕马血清促性腺激素，中和母畜排卵后血循环中残留的孕马血清促性腺激素，收到较好效果。

前列腺素及其类似物：其主要作用是溶解黄体，使供体、受体在预定时间内发情，增强超排效果。

促黄体生成素：常与卵泡刺激素配合使用，促黄体生成素可和卵泡刺激素协同作用促进卵泡成熟、触发排卵、促进黄体形成并分泌雌激素和孕激素，在动物的生殖过程中发挥重要作用。促黄体生成素峰值是控制排卵发生的关键因素，注射外源性促黄体生成素增加卵巢血液供应，诱发排卵。

孕激素：主要是醋酸氟孕酮和甲孕酮。用其制成孕激素阴道海绵栓或孕激素阴道硅胶栓。

促性腺激素释放激素：可间接促进卵泡破裂排卵。

（2）超数排卵方法。

卵泡刺激素+前列腺素法：在发情周期第 12 天或第 13 天开始肌内注射（或皮下注射）卵泡刺激素，以递减剂量连续注射 3 天，每天 2 次，间隔 12 小时，第 5 次注卵泡刺激素同时肌内注射前列腺素。卵泡刺激素总剂量，国产为 150~300 单位，注射卵泡刺激素后，每日上午、下午进行试情，母羊发情后立即静脉注射促黄体生成素 100~150 单位，也可用 60 微克 LRH（促黄体生成素释放激素）代替促黄体生成素，可获得同样效果，也有人主张不注射促黄体生成素。

卵泡刺激素+孕激素+前列腺素法：在供体羊阴道放入第一个孕酮缓释栓，10 天后取出，同时放入第二个孕酮缓释栓，第 5 天开始注射卵泡刺激素，连续注射 4 天，每天 2 次，在第 7 次注射卵泡刺激素时取出第二个孕酮缓释栓，并肌内注射前列腺素，一般取孕酮缓释栓后，24~48 小时发情。在供体羊阴道内放入孕酮缓释装置，在埋栓的第 9 天开始注卵泡刺激素，连续注射 4 天，每天 2 次，在第 7 次注卵泡刺激素时取出孕酮缓释装置，并肌内注射前列腺素，取孕酮缓释装置后，通常会在 24~48 小时发情。

孕马血清促性腺激素法：在发情周期的 12~13 天，一次肌内注射（或皮下注射）孕马血清促性腺激素 800~1 500 单位，出现发情后或配种当天肌内注射人绒毛膜促性腺激素 500~750 单位。

（3）影响超排效果的因素。

受多种因素影响，超排效果也存在着较大的差异，常见的影响因素包括：供体因素（供体羊的品种、个体遗传差异、年龄、生理和营养状况等）；药物因素（超排处理时间、激素的种类、制造公司、生产批次、投药间隔以及药剂的保存方法和处理程序、激素制剂中的卵泡刺激素、促黄体生成素比例、剂量等）；环境因素（季节、天气、光照等因素）。这些因素都会造成供体对超排激素反应的不稳定、高反应供体卵子的低受精率及早期黄体的退化等现象。

①供体方面的因素。自然条件下，一般繁殖力高的品种对促性腺激素的反应较繁殖力低的品种好，成年母畜比幼龄母畜反应好，营养状况好较营养差的反应好。遗传差异也可导致不同物种或亚种超排获得的卵子或胚胎数的差异，如南江黄羊的超排效果要明显高于雷州山羊，而湖羊超排产生的胚胎数一般又多于波尔山羊。个体差异是影响供体超排效果差异的主要因素之一，个体对药物的敏感性存在着差异，同一品种的不同个体对同一药物，甚至同一剂量的药物的敏感性不同。年龄也是影响超排效果的一个重要方面，年龄较小的动物超排效果一般较好，随年龄增长而提高。对不同年龄的山羊超排的研究结果显示，4~6 岁山羊的排卵数和胚胎回收率均高于 1.5~3 岁的青年山羊。

②环境方面的因素。季节、天气、环境状况的变化也是影响超排效果的重要因素。即使在同一季节和气候条件及营养状况下也有很大的差别，如遇天气突然变化，降温或连阴、雨雪，均会

造成供体发情迟缓、不发情或排卵障碍。这可能与光照改变、气温降低和供体采食受到影响有关。山羊是季节性繁殖的动物，且繁殖旺季在秋季。激素处理虽然可以在一定程度上消除季节对发情的影响，但大量研究证明，繁殖季节的超排效果显著高于非繁殖季节。此外天气情况对超排也有一定的影响，例如，大风、阴雨等天气。故超排操作应根据当地气候选择在气候适宜的季节进行。

③药物方面的因素。

激素种类：卵泡刺激素和孕马血清促性腺激素是羊超排应用最多的激素。孕马血清促性腺激素的效果较为平缓，卵巢体积不会剧烈增大，处理后的卵巢易恢复正常，排卵效率高，排卵较整齐。但其半衰期较长，注射剂量不当，容易引发卵巢囊肿和大卵泡的存在，从而引起供体体内雌激素水平增高，进而对卵子成熟、受精和胚胎的发育产生不利影响，导致回收胚胎的质量下降。目前国内外普遍采用卵泡刺激素对羊进行超数排卵处理。有研究表明，用卵泡刺激素进行超排，在排卵率、可用胚胎方面均优于孕马血清促性腺激素。但卵泡刺激素的半衰期短，需定时定量多次注射，操作繁琐，浪费人力，操作不当容易引起剂量和时间的误差。

生产厂家：不同生产厂家的激素制剂，甚至是同一厂家生产的不同批次的激素，受纯度、效价等因素的不同，均会影响超排效果。栾庆江等的研究表明，日本生产与澳大利亚生产的卵泡刺激素制剂超排效果差异不显著，但均显著高于国内生产的激素超排效果。

卵泡刺激素/促黄体生成素比例与激素中卵泡刺激素/促黄体生成素比例的差异，是影响胚胎数量和质量的重要因素。有研究表明，动物排卵反应随着促黄体生成素与卵泡刺激素比率的上升而下降。目前部分研究认为促黄体生成素与卵泡刺激素比例是2∶1。

注射途径：激素注射途径也是影响超排反应因素之一。在羊上采用静脉注射激素作用快，羊只排卵效果较好。肌内注射促黄体生成素或人绒毛膜促性腺激素时，促排反应较慢且排卵同期化较差。

④其他方面。

采胚方法：在羊的采胚过程中，主要采用输卵管采胚、子宫采胚两种方法。林峰等的研究表明，使用输卵管采胚法胚胎回收率显著高于子宫角采胚法，前者的平均获胚数与平均可用胚数均显著高于后者。但受体妊娠率及产羔率显著低于后者。

重复超排：同一母畜在一定时间间隔进行多次超排。在羊超排过程中，使用手术操作采集卵子或胚胎，操作不当往往因手术损伤、出血等造成粘连，影响卵子或胚胎的回收。

在羊的超排中，当间隔时间变短、超排次数增加时由于连续用外源激素处理供体导致卵巢对激素反应减弱。机体也会产生免疫反应，引起发育的卵泡数和排卵率有所下降。而延长激素处理的间隔时间在一定程度上可克服此现象。赵霞等的研究发现，对20头波尔山羊进行间隔45天两次超排处理，结果显示两次超排所获得的平均可用胚胎数差异不显著。

4. 胚胎回收

胚胎回收又称采卵，是把胚胎从供体生殖道中冲出的过程。有手术法和非手术法。常规手术法术后粘连较多，胚胎妊娠率、存活力居中。手挑法降低了术后粘连，但对操作人员技术要求较高；腹腔镜法应激小，术后发生粘连概率低。因非手术法受胎率较低，目前多采用手术法。胚胎回收应根据胚胎发育阶段确定回收时间，胚胎回收时间为配种后4~5天，但不要超过配种后7天。根据供体羊发情，配种情况确定输卵管或子宫回收，在相应部位用冲胚液进行胚胎冲洗回收。子宫回收的回收率比输卵管回收率低，但其胚胎龄大，胚胎经子宫环境的自然选择，移植成功率较高。

5. 检卵

显微镜下观察受精卵的形态、分裂球的大小、均匀度与透明带间隙以及变形情况，进行胚胎的质量鉴定。回收的胚胎应用冲卵液或胚胎短期保存培养液进行保存，由于回收的冲卵液中，常含有大量的生殖道分泌物和脱落的上皮细胞等，因此在胚胎检出后要进行净化处理。一般在体视显微镜下进行检卵，根据胚胎发育阶段和组成、胚胎形态等条件可将胚胎分为三级：A 级胚胎形态完整，轮廓清晰，呈球形，分裂球大小均匀，结构紧凑，色调透明度良好，无附着的细胞和液泡或很少附着；B 级轮廓清晰，色调和细胞密度良好，可见到一些附着的细胞和液泡，变性细胞占10%~30%；C级轮廓不清晰，色调发暗，结构松散，游离的细胞或液泡较多，变性细胞超过30%，但仍有一团细胞存活。确定胚胎可用后，把胚胎移入含有新鲜缓冲液的小检卵杯中，并洗涤3次，可短期保存在含有新鲜缓冲液中备用。

6. 移植

移植技术有手术法和非手术法。受体羊胚胎移植手术术前1天禁食，减小腹压，手术时用麻醉剂进行麻醉，保定，术部剃毛，手术在腹下股内侧与乳房之间切口，取出子宫角及输卵管和卵巢，检查卵巢上的黄体发育情况，有良好功能黄体者进行移植，移植时经输卵管回收的胚胎，须移入输卵管；经子宫角回收的胚胎，须移入子宫角。用专用器具吸取胚胎分别移入相应的部位。目前非手术法移植胚胎成活率较低，除进行研究外实际操作中很少应用。

影响羊胚胎移植成功率的因素较多，受体羊的营养状况、年龄、胎次、胚胎移植操作人员的熟练程度、胚胎保护液、胚胎体外存放时间，以及进行胚胎移植时间等方面因素都可能影响胚胎移植的成功率，通常从子宫回收的胚胎移植成功率较高，一般为50%。

7. 受体羊的饲养管理

受体羊术后1~2个返情期观察返情情况，对没有返情的羊应加强管理，妊娠期应满足母羊的营养需要，以保证妊娠率。

8. 评价羊胚胎移植效果的几个主要指标

（1）可利用胚胎数。外源激素诱发多卵泡发育，由于羊只个体差异导致效果差异较大。超排效果与供体羊的体况、对激素的敏感程度有直接关系。超数排卵理论上是越多越好，但排出的卵子数量过多，往往会出现受胎率和有效胚胎的收集率低的问题，原因可能是由于外源激素引起动物内分泌的紊乱，从而排出尚未成熟的卵子。一般经超数排卵处理后，山羊可收集有效受精卵平均数为10~14枚，绵羊为6枚左右。超排效果应取几次超排的平均数，不能以一次的超排结果来衡量其超排技术水平和供体羊对激素敏感程度。

（2）受胎率。受胎率=产羔受体数/移植受体数×100%。受胎率的高低，是胚胎移植效果的直接体现。胚胎移植前后所处的环境相同，即胚胎的生活环境和胚胎的发育阶段相适应，供体、受体羊在发育时间上要一致，移植后的胚胎与移植前的胚胎所处的生理条件尽量一致。除此之外，要想取得较高的受胎率，受体羊的后期饲养管理也非常重要，胚胎移植到受体羊后，要适应受体羊的内环境，受体羊要给予其充足的营养以满足胚胎生长发育的需要。据调查，一般利用鲜胚进行移植，受胎率山羊平均为55%以上，绵羊平均为65%以上。

（3）胚胎的利用成功率。胚胎的利用成功率=产羔数（含流产的胎儿数）/移植的有效胚胎数×100%。胚胎利用成功率，是有效反映胚胎移植过程中可用胚的鉴别水平和移植技术的一项重要指标，这一指标一般在55%以上。

一般在处理后24~48小时出现发情，超排处理24小时内进行试情，若已发情，8小时后开始配种，每天配种2~3次，直至不接受爬跨为止。首次配种 3~3.5 天或最后一次有效配种后 2.5~3 天放置阴道孕酮海绵栓。

9. 影响胚胎移植的主要因素

（1）超排技术。超数排卵是胚胎移植的关键技术之一，可以为胚胎移植受体提供优质、丰富的胚源，发挥优良母羊繁殖潜能。影响超排的因素也很多，如超排使用的药物种类、来源、生产厂家、使用剂量、操作程序等。

（2）移植胚胎的质量。胚胎质量是影响产羔率的关键因素。通过胚胎鉴定，选择形态结构完整紧凑、轮廓清楚、呈球形、分裂球大小均匀、色调和透明度适中、无附着的细胞和液泡等特征的一级（A 级）、二级（B 级）胚胎进行移植。

（3）供体、胚胎与受体的同期化程度。供体、受体之间的子宫内膜要与胚胎的发育相同步，这是胚胎从体外培养环境到体内并发生妊娠必须具备的重要条件之一。这就要求供体与受体在发情时间上要同期，或移植的胚胎日龄与受体发情时间同步，一般供体、受体发情同步差为 1 天以内最理想。同步差越小，越有利于胚胎的发育，移植成功率越大。

（4）移植胚胎的数目。一般认为，妊娠率与移植高质量的胚胎数成正相关，移植 1 枚、2 枚和 3 枚胚胎受体的妊娠率差异不显著，但产羔率却依次增加。也有研究报道，当移植胚胎数超过 6 枚时，妊娠率反而下降。据研究单侧移植 2~3 枚效果最佳，进行大规模的胚胎移植时，应考虑受体羊的体况、产羔时繁重的接羔任务及产后受体羊的哺乳能力等条件。

（5）操作技术。胚胎移植在实际操作中十分复杂，直接影响胚胎移植的成功率。手术操作要求熟练、稳重、轻巧、速度适宜。向宫腔内注入移植液和胚胎时速度不易过快，否则胚胎会随移植液进入输卵管而发生异位妊娠；如过慢，子宫、输卵管等暴露于空气时间过长，增加污染率，同时也增加了胚胎的损伤率。术者手、臂、手术器械等对子宫的强烈刺激，对输卵管进行强拉硬拽都会产生不良影响。

（6）其他。受体本身的黄体发育与孕酮含量、解冻剂与脱防冻剂的类型、胚胎移植的季节、供体年龄及营养状况等因素都不同程度影响胚胎移植的成功率。

10. 胚胎移植在养羊生产上的意义

（1）充分发挥优良母羊的遗传资源，提高羊群的品质。后代的生产性能取决于双亲。胚胎移植可充分发挥优秀母羊的繁殖潜力。在生产上实施胚胎移植的目的是将供体母羊的优良品质更快、更多地遗传给后代，使羊群的群体质量得到提高。供体母羊产生具有良种遗传物质的胚胎，而妊娠过程由价值较低的受体母羊承担，优良母羊在1年中可提供3~4批胚胎，获取可用胚胎30~40枚（山羊）、20~35枚（绵羊）。1只优良母羊通过胚胎移植1年可获得后代10~20只，优良羊只在羊群中的比例扩大，有利于羊群整体品质的提高。

（2）胚胎移植有利于羊的选种选育。羊是单胎动物，在自然繁殖情况下，种羊选取范围较小，估测育种值时只能采用半同胞资料进行计算。采用胚胎移植技术后，通过超数排卵和胚胎移植技术，可使供体羊与多胎家畜一样产生较多全同胞后代，可用全同胞资料计算羊的育种值，提高羊选种的准确性。另外，胚胎移植1只供体羊大约可得10只羔羊，比自然繁殖提高了5~10倍，后代增多，群体增大，留种率减小，选择差变大，选择的种羊会更加优良。

（3）胚胎移植可代替活畜的引进。胚胎的体外保存和超低温冷冻技术的应用可以使胚胎移植不受时间和地域的限制。胚胎的运输可以替代活种畜在国际和地区间交流，大大节约引进种畜的费用。胚胎收集后经特殊处理，可减少病原微生物的污染。通过胚胎的引进完全可以购买到在血统上与活畜同样质量的后代。

（4）诱导肉羊怀双胎，提高生产效率。在肉羊生产中，可选择向未配种的母畜移植2枚胚胎。或是向已配种的母羊（排卵的对侧子宫角）再移植一枚胚胎，这样可提高受体母样的受胎率和双胎率。目前，通过胚胎移植，可使双胎率达到30%~70%，生产效率大为提高。

（5）保存品种资源。利用胚胎及胚胎冷冻技术可大量保存一些国家或地区特有的家畜或动物遗传资源，建立动物遗传资源保存库，这样可以防止因大规模杂交改良而造成的地方良种基因资源的消亡丧失，为品种资源的长期保存开辟了新的途径。目前，胚胎及胚胎冷冻技术是长期保存遗传资源最有效的方法。

（6）研究手段。胚胎移植技术的推广应用不仅仅限于本身的意义，更主要的是促进了相关的生物学科和技术的出现与发展。胚胎移植是研究受精生物学、遗传学、胚胎学、细胞学、动物育种学、免疫学以及繁殖生理学等理论问题的一种很好的手段，也是研究胚胎工程如胚胎分割、胚胎嵌合、体外受精、性别鉴定、核移植、转基因动物等的基础。胚胎移植已由早期的单一受精卵移植发展到目前的由体外受精、体外培养、冷冻保存、胚胎分割、胚胎嵌合、性别鉴定和性别控制及核移植等技术构成的综合性胚胎工程技术。

（7）克服不孕缺点。有些优良母羊由于习惯性流产或难产，以及其他原因，不宜担负妊娠任务。这类羊可作为供体，通过胚胎移植同样能获得后代。

第五节　鲜精保存技术

冻精保存技术对长期保存优良品种的精子和提高种公羊利用率、血统更新、引种及降低生产成本等有重要的意义。目前，国内种公羊的精液大多当天采集当天使用，最长保存期为1~3天，远远不能满足对优良品种精子高效利用的需求。随着科技的进步，绵羊鲜精保存技术有了很大的提升和改良，通过稀释液处理的绵羊精子在0~4℃可存活167小时。精液稀释液可模拟绵羊体内环境的渗透压和pH值，同时具有防止精细胞卵磷脂流失、防止细菌污染和防冻剂的作用。稀释液的主要成分包括糖类、甘油、卵黄、缓冲物质等，其中糖类等碳水化合物能为精子提供营养，在低温条件下具有保护作用，防止冷冻时由于冰晶形成造成的损伤。甘油通过渗透作用阻碍细胞内冰晶形成，同时还能降低稀释液中盐的解离度，但甘油对精子解冻后向子宫移动有阻碍作用，故添加浓度要适量。有研究结果表明，甘油含量为4%时稀释液对精子的毒性较小。卵黄对精子耐受低渗和高渗、保护精子顶体和维持精子活力有重要作用，不同稀释液中使用的卵黄浓度差异较大，但大都集中在15%~20%。另外，为维持精液适当的pH值和抑制细菌生长，稀释液中需加入柠檬酸钠、磷酸二氢钾等缓冲物质和青霉素、链霉素等抗菌物质。

21世纪以来，我国迎来畜牧业发展的高峰期，但是养羊的模式粗放落后，品种参差不齐，导致产肉性能差、羊肉品质较低、市场竞争力较弱。为解决这些问题，各地陆续引进了国外的优质肉羊品种（南非杜泊羊、英国萨福克羊等）来改良地方品种，提高产肉率和羊肉品质，但是在改良过程中精液的长期保存一直困扰技术人员，致使优质种羊的利用没有发挥最大效益，良种改良没有建立有效途径。

一、精液采集及检测

在春、秋两季选择膘情中等、体质健康、性欲旺盛的种公羊。配种用种公羊单独饲喂，采精期间公羊进行补饲和加强运动。采用假阴道法采集精液后测定射精量并在显微镜下观察和计算精子活率，立即进行常规品质评定，原精液精子活率要求在0.8以上，无异常气味，色泽乳白，用于低温保存。

二、不同保存时间精子活率的测定

将采集到的种公羊精液与35℃预热的稀释液按1∶3等温稀释

后置于水浴杯中（水温35℃），放入冰箱冷藏室进行保存，2小时内缓慢降温至4℃，之后加入冰块，在冰水混合物状态下保存。精子活率检测：将稀释精液摇匀后取10微升中层精液滴于经预热的37℃恒温板载玻片上，盖片后置于显微镜下放大400倍，检查精子约1 000个，计算精子活率。

1. 肉羊鲜精保存稀释液成分

（1）糖类。糖类主要作用是提供精子营养和补充精子能量，还具有低温保护性能和稳定细胞膜蛋白质-脂类复合物的作用。据报道，三糖的低温保护性能高于双糖和单糖。几种糖类稳定细胞膜蛋白质-脂类复合物的性能大小顺序为：棉籽糖>蔗糖>乳糖>果糖>葡萄糖，且某种糖与另一种糖配合使用的效果比单一使用要好。据研究证实，在三羟基甲氨基甲烷（Tris）液中葡萄糖的效果优于果糖、乳糖和棉籽糖。

（2）奶类和卵黄。稀释液中加入一定数量的奶类和卵黄，具有调节渗透压、降低精液中电解质浓度、保护精子膜等作用，有利于精子的存活，另外还具有防冷冻和防冷休克的作用。卵黄脂蛋白浓度较低，有维持精子活力、保护精子顶体和线粒体膜的作用。

（3）缓冲物质。在稀释液中加入缓冲物质的目的是保证精液维持适宜的pH值，以利于精子的存活。在缓冲物质中，无论是山羊还是绵羊，均以Tris液效果最好，Tris不仅有良好的缓冲性，还具有利尿性和渗透性，且高浓度对精子的毒性也很低。研究以乳汁为基础的稀释液中添加明胶和半胱氨酸对5℃条件下山羊精子的影响，结果发现保存 72 小时后，添加明胶组精子的活力可达 67%。

2. 抗生素及其他

虽然羊的人工授精过程中各个环节均在严格的操作下进行，但是，有时精液也难免会受到某些微生物的污染，加入抗生素的目的是为了抗菌。羊的精液稀释液中抗生素的用量一般为：青霉素 1 000 单位/毫升；双氢链霉素 1 000 单位/毫升。据报道，硫酸庆大霉素 100 单位/毫升抗菌效果优于青霉素和链霉素。有的资料上报道恩诺沙星的效果较好。黄成全等报道，将 5 毫摩尔/升的咖啡因添加于冷冻前的山羊稀释精液中，能显著提高山羊精液的解冻后活率，增强精子的耐冻性；使山羊冷冻精液配种的情期受胎率提高 9.58%。徐刚毅指出：用维生素 B_{12} 注射液稀释小尾寒羊新鲜精液，使用方便，不需人工配制，随用随取。稀释后的精液能扩大精子的运动空间，降低异物对精子的不良影响，补充精子在体外所需的营养；延长精子在体外的存活时间。在 5~10℃ 冰箱中保存鲜精，能抑制精子的运动和代谢，降低精子的能量消耗，延长精子寿命。因此，用维生素 B_{12} 注射液作为小尾寒羊鲜精稀释液，在 5~10℃ 冰箱中保存，可明显延长精子的有效存活时间，值得在绵羊鲜精保存中推广应用。

精液专用稀释液主要成分：每 100 毫升双蒸水中含有三羟基氨基甲烷 3~9 克，卵黄 5~25 毫升，海藻糖 0.5~3.0 克，谷胱甘肽 10~90 毫克，牛血清蛋白 60~280 毫克，三磷酸腺苷 20~150 毫克，维生素 C 100~800 毫克，柠檬酸 0.8~2.8 克，青霉素 10 万~

80 万国际单位，链霉素 5 万~30 万国际单位，超氧化物歧化酶 2~10 毫克。

鲜精大多通过添加维生素并在 5~10℃条件下保存，该条件下可随用随取，使用方便，但保存时间较短。鲍志鸿等的研究结果表明，在 0~4℃条件下保存特克赛尔种公羊精液，存活时间可达 167 小时，并且 77 小时内精子活率超过 70%，同时将 70%精子活率作为授精配种临界点。本研究配制的稀释液保存精液在 12 天内精子活率仍在 0.70 以上，同时在 12~15 天内尽管精子活率低于 70%，但仍有超过 59%的受胎率。

第六节　冷冻精液保存技术

精子与卵子的受精是一个较为复杂的生物学过程，受精过程首先要求精子必须具备良好的运动能力，同时须经过获能和顶体反应才能实现。在体外受精和人工授精技术中，活率高的优质精子是提高母畜人工授精的受胎率和体外受精成功的关键。在家畜的生产实践和实际研究应用中，几乎都采用冷冻保存的精液，这无疑得益于精液冷冻保存技术的快速发展。通过利用干冰-79℃或液氮-180℃作为冷冻来源对精液进行特殊的冷冻处理，使精子处于低温、超低温的环境中，使精子的生命维持在静止状态，新陈代谢活动受到抑制，精液得以长期保存，这就是精液冷冻保存技术的原理。使用时再解冻进行体外受精、人工授精和胞浆内精子注射技术。冷冻保存技术的应用使精液的运输摆脱了种畜生命、时间和地域等方面的限制，使省际、国际之间的贸易协作可以顺利开展，极大限度地提高了优良雄性动物的利用率，加速了品种的育成和改良步伐；同时，对优良种畜在短期进行后裔测定、保留和恢复某一品种或个体优良遗传特性，以及进行血统更新、降低生产成本等方面都有重要意义。

总之，精液的冷冻保存对家畜繁殖育种、保护濒危野生动物及人类生殖医学等方面都具有重要意义。精液冷冻保存技术是动物繁殖生产领域的一个重要里程碑，是随着人工授精技术发展起来的。通过过去几十年对精液冷冻保存技术的研究，其在哺乳动物、水生动物乃至人类上的应用已取得长足进展。珍稀濒危动物及其他具有重要价值的雄性个体遗传资源能得到长期保存和长距离运输，均依赖于精液冷冻保存技术的发展，同时精液冷冻保存技术也拓展了低温生物学的研究领域，并为胚胎生物技术的开展解除了时间和空间的限制。

一、精子冷冻过程受损机制

在冷冻精液过程中，精子难以避免地会受到冷冻损伤，致使解冻过后精子结构破坏，精子活率降低。随着低温显微镜、电子显微镜技术及检测技术的快速发展，人们可以从细胞、亚细胞水平更深入地了解冷冻对精子细胞造成的结构性损伤。将解冻后的精子于透射电子显微镜下可观察到精子顶体肿胀，顶体外膜形成波浪状的皱褶，线粒体改变呈现基质密度降低等情况。精子细胞内染色体出现浓缩在精子顶体区、顶体后区的膜脂质水平流动性明显降低。2002 年，有研究人员进一步详细阐述了精子冷冻损伤的机理，研究认为精子过早获能是由低温冷冻保存导致的，表现为精子细胞膜表面胆固醇脂的比例降低，活性氧增多，精子细胞膜通透性增强等。因此，精子存活时间和精子活率降低。精了内部的显微结构的变化属于物理性质的改变，也就是冷冻导致精子中的大量分子物质如结构蛋白、酶、信号蛋白的质和量及其相互之间作用的改变。

研究表明，精子在冷冻过程中主要受到冰晶的机械性损伤、溶液性损伤和氧化性损伤等。研究人员在 1972 年以中国仓鼠作为研究对象，将仓鼠组织培养的细胞保存在低温环境中，然后通过对实验数据的分析提出了冷冻损伤的两因素假说。该假说认为存在着两方面的原因致使冷冻损伤得以产生：一方面是由于在精液冷冻过程中，冷却速率过快致使精子细胞内形成冰晶，冷却速率越快则精子细胞受到的损伤也越大，这种情况称之为冰晶的机械损伤效应；另一方面是精液冷冻过程中，冷却速率过慢致使精子细胞处在一个高渗透压的环境之中，对精子细胞造成一定程度的伤害，在此情况下冷却速率过慢的程度越大则对精子产生的损伤也越大。在冷却速率过快与冷却速率过慢的综合作用下存在着某一平衡点，即最佳冷却速率，在最佳冷却速率条件下冷冻精液方能获得较好的冷冻效果。

二、冷冻精液保存稀释液配方

精液稀释液包括基础液、精液稀释一液、精液稀释二液。精液稀释一液是用基础液加卵黄，然后加入青霉素钠、链霉素而形成。精液稀释二液是在精液稀释一液的基础上加的甘油。冷冻稀释液配方果糖 1. 26 克、柠檬酸 1. 72 克、Tris 3. 53 克、蒸馏水 100 毫升、卵黄（在基础液中含 20%）、甘油（在精液稀释一液中含 12%）、青霉素（每 100 毫升含 0. 06 克）、链霉素（每 100 毫升含 0. 1 克）。

1. 基础液的配制

用电子天平将准确称量上述试剂。再分别放入 100 毫升灭菌烧杯内，用 100 毫升量筒再准确称量 100 毫升双蒸水，双蒸水充分搅拌微波炉加热使其充分溶解，将其定容。待温度降到室温，倒入 100 毫升灭菌小瓶，封口膜封口，放入 4℃冰箱冷藏待用。经过滤和消毒后，盛入稀释液瓶中，最后放入 5℃的冰箱内保存备用，作为基础液。

2. 精液稀释一液的配制

将新鲜鸡蛋蛋壳用酒精棉球进行擦拭消毒，蛋壳表面干燥后将鸡蛋磕开，分离蛋清、蛋黄和脐带，使蛋黄盛在鸡蛋壳小头的半个蛋壳内，并小心迅速地将蛋黄倒在一次性滤纸上进行滚动，使滤纸将卵黄表面的蛋清吸干净。在卵黄膜上用一次性注射器针头挑一个小口，然后在小口处用不带针头的一次性注射器缓慢吸取卵黄，尽量避免将气泡吸入，同时应避免吸入卵黄膜。用注射器吸取 20 毫升卵黄后，注入盛有 80 毫升基础液的玻璃瓶中，摇匀。将摇匀后的液体放置在 4℃冰箱中，静置 12 小时，以充分沉淀卵黄中的大颗粒物质。在冰箱中静置 12 小时后，在玻璃瓶底部有一层白色沉淀物质。操作时要轻拿轻放，避免将沉淀物质扩散。

将白色沉淀物质上面的上清液以3 850转/分的转速离心10分钟，离心后将全部上清液存在消毒的玻璃瓶中。向上清液中加入青霉素钠0.06克，链霉素0.1克。至此，精液稀释一液配制完成。放入4℃冰箱中保存备用。

3. 精液稀释二液的配制

取出44毫升精液稀释一液用于配制精液稀释二液，剩余的精液稀释一液用于稀释精液。将经过高压蒸汽灭菌的6毫升甘油加入到精液稀释一液中，摇匀。塞上瓶塞，精液稀释二液配制完成，放入4℃冰箱中保存备用。

三、精液的稀释及分装

在生产实践中常用的精液稀释法有一步稀释法和二步稀释法。一步稀释法较二步稀释法简单，对实验条件要求相对简单，在生产实践中更为常用。

1. 一步稀释法

稀释前将精液、精液稀释一液、精液稀释二液放置在室温一段时间使精液与稀释液处于同一温度，从而尽量减少温度差对精子的影响。分别取精液稀释一液、精液稀释二液各4毫升，进行混合。取适量混合的稀释液与精液混合，使精液与稀释液的比例为1∶4，然后将稀释好的精液装进0.25毫升规格的精细管，用聚乙烯醇粉末封口。准备精液平衡处理。

2. 二步稀释法

稀释前将精液、精液稀释一液、精液稀释二液放置在室温一段时间，使精液与稀释液处于同一温度，从而尽量减少温度差对精子的影响。取适量精液稀释一液沿器皿内壁缓慢流入精液中，使精液与精液稀释一液的比例为1∶1.5，放入4℃冰箱中降温平衡。再用同温（4℃）的精液稀释二液将精液进一步稀释，使精液与稀释液的最终比例为1∶3，混合均匀后，用聚乙烯醇粉末封口。准备第二次精液平衡处理。

3. 精液的平衡

精液的平衡时间是指包括精液从室温降至4℃所需的时间与之后维持4℃所用时间之和。前一阶段目的是让精子逐渐适应降温过程，而后一阶段则是为了让精液稀释二液中的甘油更好地渗透到精子中，增强精子对低温防御能力。将分装好的精细管用8层纱布包裹好，放入4℃冰箱中，平衡处理。

4. 精液的冷冻

液氮熏蒸法冷冻：将平衡后的精细管放在熏蒸网上面，精细管之间的距离为2毫米，平行排列。然后放入盛有液氮的泡沫盒中，使精细管在液氮面上方2~3厘米处，盖上泡沫盒盖子，熏蒸6~8分钟。熏蒸结束后迅速将细管投入液氮中冷冻保存。

第七节　性别控制技术

性别控制技术是通过人为方法使成年雌性动物按照人们的意愿生产出特定性别的后代的一项技术。绵羊的性别控制技术是绵羊工厂化生产中的一项具有重要意义的繁殖技术，因为绵羊生产中的许多重要的经济性状都与性别有关，例如，奶、毛、皮等。大家都希望多产母羔，这样将会给绵羊业生产及人类社会带来巨大的经济效益。因此，国内外开展了大量的有关绵羊性别控制的研究。随着分子生物学和发育生物学的迅猛发展以及 X、Y 流式精子分离技术、受精环境的控制、胚胎性别鉴定等技术的应用，性别控制技术的研究取得了可喜的进展，并且有些技术已经开始在绵羊的畜牧生产中应用，这对于迅速扩大优良绵羊群体，加速绵羊繁殖和改良，促进绵羊工厂化生产的发展有着重要的意义。

绵羊性别控制技术在生产实践中具有的现实意义。

一是可以充分发挥不同性别的绵羊的优势性能。如母羊的产奶、繁殖性能；公羊的肉质、生殖性能。

二是消除羊群中有害基因，阻断遗传性疾病的延续。

三是提高羊群的繁殖速度，增加选择强度，提高遗传进展。

四是利用绵羊性别控制技术保护现有的绵羊生态资源。如保护珍稀濒危羊种，加快其繁殖速度。

五是获得更大的经济效益。如建立优化商品羊群，更多地获得毛、皮、绒、肉、乳等畜产品，取得最大的经济效益。

一、家畜性别控制的生物学机制

1. 性别决定的发育学机制

胚胎发育早期阶段为性别的未分化期，只有性腺原基，家畜性别决定的取向是性腺发育的导向，而性别决定的结果又是通过性腺分化及性表型来体现的。胚胎生殖腺的发育类型是决定性别形成的关键。兔胚胎阉割后的试验表明，在生殖器组织分化前，无论对雌性还是雄性胚胎切除发育中的生殖腺，均能导致胚胎在内外形态上均向雌性个体发育，说明睾丸组织是促使雄性性状发育或者阻止雌性性状发育的必要物质。当生殖腺原基被某种特定的信息诱导发育为卵巢时，卵巢所产生的雌激素就会使苗勒氏管发育为子宫、输卵管和阴道。当性腺原基发育为睾丸，睾丸就会分泌睾酮，使得中肾管发育成输精管、精泡和附睾等内生殖器。不同程度的雌雄同性是由生殖道中生殖腺分布和发育的异常造成的。

2. 性别决定的遗传学机制

性别决定的染色体理论的第一次提出是 1902 年，科学家在研究蝗虫精细胞时，发现雄性生殖细胞中有两条染色体，一条 X 染色体，另一条为 Y 染色体，当减数分裂的时候，因为 Y 染色体和 X 染色体不是同源染色体，不能配对，当其分离后分别形成了 X 精子和 Y 精子。哺乳动物的雌性生殖细胞中只含有两条 X 染色体，其减数分裂后仅有 X 染色体。参与受精的精子类型是性别的决定的关键。当 X 精子与卵子结合，则受精卵发育为雌性；Y 精子与卵子结合，受精卵发育为雄性。

今天，随着现代遗传学的发展让我们进一步认识到了，性别决定区域位于 Y 染色体短臂的非同源区，与 X 染色体配对的同源区并不起决定作用，从而使人们对性别的认识提高到分子水平。1990 年，研究人员在人类 Y 染色体的短臂近似常染色体区域分离和克隆到一个单拷贝基因，与性别决定相关，称之为性别决定区Y基因，编码蛋白SRY中含的HMGbox在大多数动物中都有，成年动物的睾丸中有特异表达。在对小鼠的SRY蛋白研究中发现其特异性表达于胚胎早期的性腺，并且在成年动物睾丸生精细胞的减数分裂和减数分裂后再次表达，这就证实了其具有性别决定基因的性质。

二、性别控制的途径

1. X、Y精子间的区别

（1）精子头部的大小。我们发现分裂中期的哺乳动物细胞染色体一般X染色体比Y染色体大。比如牛的染色体，其Y染色体面积为3.47微米^2，X染色体面积为7.58微米^2，X染色体是Y染色体的2倍多。造成X精子比Y精子的头部稍大。但由于精子在通过附睾时头部会脱水造成精子头部缩小，因此其成熟度不同造成精子头部的大小也不相同。

（2）精子重量和密度。经过不同方法的比对，发现X精子的密度为1.114 1克/厘米^3，Y精子为1.113 4克/厘米^3。经研究比对发现精子密度的大小与精子的成熟度有关，精子的成熟度越高，其密度就会越大。

（3）精子的运动性。精子的运动也是性别控制技术中的关键问题。研究发现是否带F小体是影响精子运动的关键，带F小体的精子表现出活力较强的直线运动。X精子较Y精子耐酸，所以在酸性环境中X精子活力强运动的就会比Y精子快。Y精子耐碱性比 X 精子强，在碱性环境中 Y 精子运动比 X 精子快。

2. 精子的分离方法

通过研究，我们发现哺乳动物的性别是由 Y 染色体和 X 染色体来决定的。奶牛有 60 条染色体，58 条是常规的染色体，剩下的两条为性染色体。由于 Y 精子和 X 精子之间从物理性质（体积、运动性、密度、电荷）和化学性质（DNA 含量、表面雄性特异性抗原）有微弱的不同，这样就可以根据精子间的不同，利用不同的方法将其分开。主要可以分为物理方法、流动细胞分离法、免疫分离法。物理方法、免疫分离法虽有成功的报道，但是分离时的效率比较低，并且分离的可重复性很差。流动细胞分离法相对前两种方法其重复性好，并且准确率较高，是现在发展前景最好的一种分离方法。并且已经开始推广用于生产实践。

（1）X、Y 精子物理分离法。

①X、Y 精子沉降法。沉降法是利用 X 精子与 Y 精子重量差异，在设定的溶液里，X 精子的沉降速度比 Y 精子的沉降速度快的原理。1970 年的时候研究人员在直径 1 厘米，长 32 厘米的量筒内放入奶粉和卵黄的混合液，然后在 2～4℃ 下放置 1～5 小时，将其澄清，用沉降速度快的部分的精子进行输精，得到雌性率为 53.9%，明显高于对照组 46.8%。1984 年研究人员将活率 4 级以上的绵羊精液在室温下以稀释液 A 稀释至 2.0×10^8 个/毫升，然后将 2 毫升稀释精液在含 6 毫升稀释液 B 的试管中静置 2 小时后，分别收集顶层 2 毫升和底层 6 毫升精液，用 A 液洗 2 次后，再用 C 液稀释 1∶1，然后制成颗粒状冷冻精液，输入冻精解冻剂后，

底层精液输入后绵羊后代性别比为：母羔∶公羔为 63.6%∶36.4%。顶层精液输入后绵羊后代性别比为：母羔∶公羔，25%∶75%。

1995 年研究人员利用卵黄、甘氨酸、甘油和乳糖配制成密度为 1.03~1.04 的培养分离液作为沉降的介质，结果利用分离后得到的上层精液输精母犊率为 31%，下层精液输精母犊率为 61%。有研究人员使用鲜奶将羊精液稀释了 2 倍，用试管装好，在 8~10℃冷水中，沉淀大约 2 个小时，取上层清液 0.1 毫升和下层液 0.1 毫升授精，结果输上清液的绵羊产羔的性比为公羔 70.5%，输入下层液绵羊母羔占 70.9%。沉降物的比重不同是沉降法研究的基础，研究人员发现 X、Y 精子的密度不同，可是差异不显著而且随精子的成熟度的不同其密度也在变化，沉降法的可重复性差，所得出的效果也不很理想，无法应用于生产实践。

②离心分离法。这种方法是根据 X、Y 精子间的密度不同，然后利用密度梯度的方法用平衡沉降为基础的方法。这种方法的优点是，分离的时间要比一般的沉淀分离法短得多，并且对精子的影响要小很多特别是其活力的影响，但是其沉淀速度间也存在不小的问题。研究人员发现并且认为，两种精子间密度仅存在 0.007 克/厘米^{3}的差异，所以，这种方法分离 X、Y 精子，要求和一些必要的条件十分的高。

③电泳分离法。X、Y 精子间存在自身电荷量不同的显现，过电泳时两种精子会往不同的两极游动以达到分离的目的。很多文献中指出使用这种方法，而且用了多种不同形式的电泳分离法，

但是其结论却不一致。而且其分离结果也不稳定。1983 年研究人员在处理人的精液时使用自由电泳法，结果其正极处仅有一点 Y 精子。但是近负极处却有 80%的 Y 精子。

④层流分离法。这种方法是利用 X、Y 精子间运动方式或特点的不同来分离的方法，指出 X 精子在柱状的流动液中其游动的方式将和 Y 精子相同，X 精子大部分在液柱的开始部位，Y 精子则处于液柱的末端，这个方法有人检验表明是成功的，可是有待进一步的检验和在不同动物上的试验。

（2）免疫学分离法。雄性特异性组织相容性抗原（H-Y 抗原）存在于精子表面，最早是 1971 年研究人员在细胞毒性的一项实验里发现的。经过实验论证，H-Y 抗原只有 Y 精子能表达，所以 H-Y 抗原是否存在我们可以利用的 H-Y 抗体来检测，然后通过规定的分离程序，能将精子分离成为 $H\text{-}Y^{+}$和 $H\text{-}Y^{-}$两种精子，分别用这两种精子对动物人工授精，就能起到性别控制的作用。此分离法有直接分离法、免疫亲和柱层析法和免疫磁力法三种。

（3）长臂 Y 染色体标记分离法。此法是根据 Y 精子具有长臂 Y 染色体的特征来对精子进行检测分离的，而且是利用盐酸奎纳克林的荧光检测技术来对精子进行分离的技术。由于精液在准备时存在一定的难度，而且在荧光检测的时候更是有很高的要求，所以重复性很难保证。

（4）流式细胞分离法。此法的理论是 X、Y 精子 DNA 的含量各不相同。当 DNA 含量较高时用专用荧光染料对染色体染色，吸收的染料就会越多，发出荧光也较强，反之发出的荧光就弱。在

20 世纪 80 年代末 90 年代初，精子的分离技术就开始应用，这种方法开创了分离精子的新局面。1989 年研究人员对兔的精液进行分离，用得到的 X 精子进行输精，得到 81%的母仔率；雄兔 6%。1991 年的时候研究人员还是使用该法对猪精液进行分离，用得到的 X 精子输精后，得到 74%的雌性仔猪，用 Y 精子对其输精得到了 68%的雄性仔猪。据 2000 年研究人员的报道，同时分离并且收集 X 精子和 Y 精子，分离时速度可以达到 6 000 000 个精子/小时；如果只分离收集 X 精子，那么其速度为 18 000 000 个精子/小时。那么我们相信如果结合显微注射技术，这种方法肯定是一种非常好的分离 X、Y 精子的技术。

3. 胚胎的性别鉴定

胚胎移植技术已经较为成熟并且已经能够广泛地应用于畜牧生产中。在进行胚胎移植中我们对胚胎进行性别鉴定，能够人为地选择我们需要的性别的胚胎移植给受体，可以更加有效地达到性别控制的目的，尽管这种方法存在局限性，但其也是家畜性别控制的主要途径之一。通过我们科学工作者的研究探讨，胚胎的性别鉴定技术有了很大的发展与提高，很多已经用于实践生产当中了。其方法主要有细胞遗传学方法、生物化学微量分析法、免疫学方法、分子生物学方法这三种方法。

（1）细胞学方法。它是胚胎性别鉴定方法中最经典的一种方法，主要是通过核型分析对胚胎进行性别鉴定。它是将胚胎用含有丝分裂阻滞剂的培养液培养，然后诱使细胞肿胀及染色体扩展，并加以固定、染色、在显微镜下检查其核型，其准确率为 100%，但是这种方法主要用来验证性别鉴定方法的准确率，暂时无法应用于生产实践中。

（2）生物化学微量分析法。这种方法是利用测定 X 染色体的酶活性来对其进行鉴定。早期两条 X 染色体中有一条失活这种就是雌性胚胎，在胚胎基因组的激活与 X 染色体失活的短暂时期内，雌性的两条 X 染色体都可以转译，雌性胚胎中与 X 染色体相关酶的细胞内浓度及活性是雄性胚胎的 2 倍，这就是该法进行性别鉴定的理论依据。研究人员对不同阶段的胚胎中包括桑葚胚、囊胚阶段的 X 染色体相关酶切的一个测定，结果显示其雌性胚胎的准确率为 93. 94%。由于 X 染色体确切的失活时间我们不知道，如果个别雌胚的提前失活，我们就很可能会误判。所以，对此种方法我们还有待进一步的研究。

（3）免疫学方法。这种方法是利用 H-Y 抗血清或者 H-Y 单克隆抗体来对胚胎上是否存在雄性的特异性 H-Y 抗原进行检测的一种方法。H-Y 抗原对胚胎的检测方法包括三种：细胞毒性分析法、间接免疫荧光法、囊胚形成抑制法。

（4）分子生物学方法。检测 Y 染色体上的 *SRY* 基因的有无来进行胚胎性别控制的检测，有就判为雄性，没有则为雌性，分子生物学方法对胚胎的检测目前分为两种，第一种是 DNA 探针法，第二种是 PCR 扩增法。

第六章 肉羊舍饲

第一节 羊舍选址

羊场场址的选择要合法，建设用地、一般土地都可以用于建设养殖场，但是基本农田则不可用于养殖场建设，因此在选址前要到所属地区查清土地的性质。另外，随着国家对环境保护的工作越来越重视，各地已经将一些区域划分为禁养区，规定禁养区内不允许建设畜禽养殖场、养殖小区，因此在肉羊养殖场建设前还要查看所属县区的整体规划，看所选地址是否在禁养殖区内。在土地性质以及所在区域都允许建设养殖场的前提下还要看所选择的地址是否适宜建设肉羊养殖场，要进行科学的选址。

一、地势地形

选址最好有天然屏障，如高山、河流等，高燥、背风向阳，既有利于防洪排涝，又不致发生断层、陷落、滑坡或塌方，地下水位在2米以下，以坐北朝南或坐西北朝东南方向的斜坡为好。切不可建在低凹处或低风口处，以免汛期积水及冬季防寒困难。要远离动物屠宰场和肉类加工厂，养殖场之间的距离要保持在500米以上。最好选择天然的高地和山脉做羊舍的屏障，在距离羊舍1 000米之外，建设羊群的废弃物处理场所。选择坐北朝南的方向建设羊舍，由于羊舍会出现难闻的气味，因此，要将其建设在村落或者集镇的下风向，切记不能建设在山顶或者是地势低洼的地方，这样不利于排水，也容易被大风摧毁。

二、水电

水源充足、合乎卫生要求、取用方便，水质良好，无污染，确保人畜安全和健康。有电源设施，便于饲草、饲料加工。

三、土质

沙壤土最理想，沙土次之，黏土最不适。沙壤土土质松软，抗压性和透水性强，吸湿性、导热性小，毛细管作用弱。雨水、尿液不易积聚，雨后无硬结，利于保持羊舍及运动场的清洁卫生，减少蹄病及其他疾病的发生。场地附近应有优良的放牧场所，有条件的可考虑建立饲料生产基地。

四、交通

交通运输方便，远离居民区、闹市区、学校、交通干线等，便于防疫隔离，以免传染病发生。

五、防疫和环境

符合兽医卫生和环境卫生的要求，无人畜共患病。建场前应对周围地区进行调查，尽量选择四周无疫病发生的地点建场。

第二节 羊舍类型

一、实用羊舍类型

1. 根据羊舍封闭结构划分

按羊舍外围护结构封闭的程度大小，可将羊舍分为封闭式羊舍、半开放式羊舍和开放式羊舍三大类型。

（1）封闭式羊舍。由屋顶、围墙以及地面构成的全封闭状态的羊舍，通风换气仅依赖于门、窗或通风设备，该种羊舍具有良好的隔热能力，便于人工控制舍内环境。封闭羊舍四面有墙，纵墙上设窗，跨度可大可小。

（2）半开放式羊舍。半开放式羊舍三面有墙，正面全部敞开或有部分墙体，敞开部分通常在向阳侧。多用于单列的小跨度羊舍。这类羊舍的开敞部分在冬天可加遮挡形成封闭舍。

为了提高使用效果，也可在半开放式羊舍的后墙开窗，夏季加强空气对流，提高羊舍防暑能力，冬季将后墙窗关闭，还可在南墙的开露部分挂草帘或加塑料窗，以提高保温性能。

（3）开放式羊舍。开放舍是指一面（正面）或四面无墙的羊舍，后者也称为棚舍。其特点是独立柱承重，不设墙或只设栅栏或矮墙，其结构简单，造价低廉，自然通风和采光好，但保温性能较差。

开放舍可以起到防风雨、防日晒作用，小气候与舍外空气相差不大。前敞舍在冬季对无墙部分加以遮挡，可有效地提高羊舍的防寒能力。开放式羊舍适用于炎热地区和温暖地区养羊生产，但需作好棚顶的隔热设计。

2. 根据屋顶形式划分

根据羊舍屋顶的形式，羊舍可分为单坡式、双坡式、拱式、钟楼式、双折式等类型。单坡式羊舍跨度小，自然采光好，适用于小规模羊群和简易羊舍；双坡式羊舍跨度大，保暖能力强，但自然采光和通风都较差，适合于小规模羊群和简易羊舍，是最常用的一种类型。在寒冷地区，还可选用拱式、双折式、平屋顶等类型，在炎热地区可选用钟楼式羊舍。

3. 根据单双列划分

（1）单列式半开放暖棚羊舍。羊舍跨度 8 米，向阳面半敞开，冬季用塑料薄膜或阳光板覆盖，塑膜与地面形成半弧状 55°~65°的夹角，其他三面有墙体。牛舍屋脊高 3.0 米，后墙高一般 2.0 米，前墙高 1.1 米，前墙外设 6.0 米宽、与暖棚等长的运动场。如图 6-1 所示。

（2）双列式封闭羊舍。羊舍跨度 14 米，东西侧墙高 2.4 米，中屋脊高 3.4 米，中屋脊用阳光板覆盖（2.4 米）并留通气口，东西侧墙外设 8.0 米宽，与棚等长的运动场。如图 6-2 所示。

二、改善羊舍环境的工程措施

一是对羊场布局进行科学规划设计，做到功能分区明确，生产操作方便，并保持场区内外环境清洁。

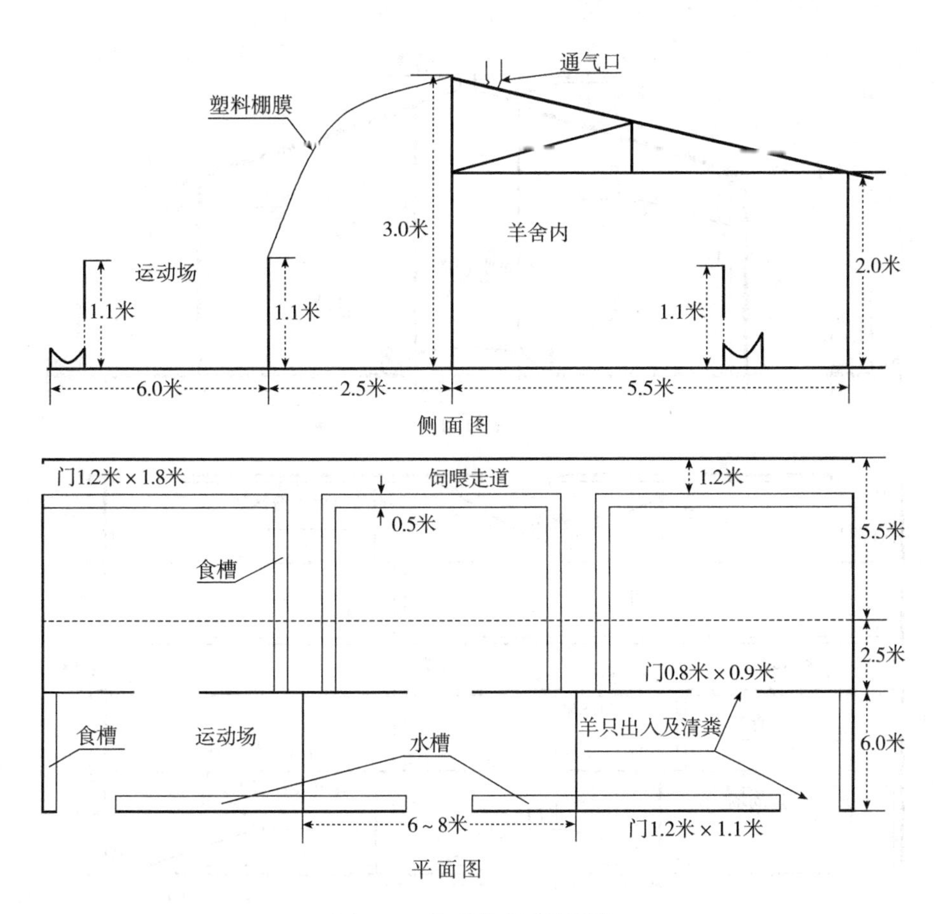

图 6-1　单列式半开放暖棚

二是在羊舍设计和建造施工方面，既要根据当地气候特点和生产要求选择羊舍类型和构造方案，又要尽可能采用科学合理的建设工艺及建筑材料，同时还应注意节约用地，在满足建筑要求的情况下，尽量降低建设成本。

三是积极开展舍饲养羊工艺模式、配套设施设备研究，结合当地实际和羊的生物学特点以及行为学特性，研究开发舍饲养羊

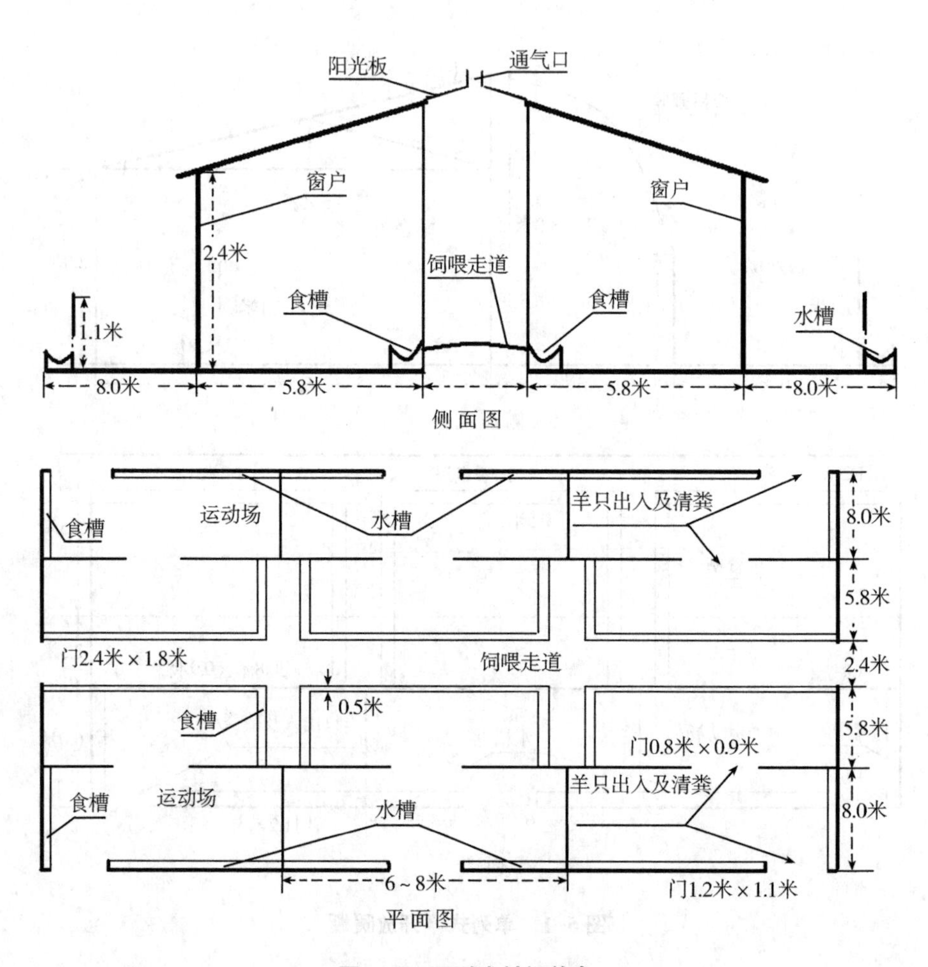

图 6-2　双列式封闭羊舍

适宜工艺模式及配套设施。

第三节　羊舍基本设施

羊场的占地面积要根据肉羊的饲养规模来确定，无论多大规模的养殖场，都要求场区内进行分区规划，并且布局要合理。通常可将整个养殖场分为三个主要功能区，分别为管理区、生产区以及病羊隔离区。在分区时要从最佳的生产联系以及卫生防疫条件的角度来安排各区的位置。一般要求管理区应位于生产区的上风处，病羊隔离区要位于生产区的下风处，并且各区间要有一定的安全距离。生产区是羊场建设的核心，在羊场布局中处于中心地位，主要包括各类羊舍、围栏设施及运动场，羊舍的布局依次是种公羊、母羊、羔羊、育成羊、育肥羊。前后两栋羊舍之间的距离应考虑防疫、采光与通风的要求，一般以不小于 20 米为宜。羊舍朝向以面向南面为好。管理区又可分为办公区、休息区、饲草饲料加工贮存区等，生产区包括羊舍、药浴池、运动场等，病羊隔离区包括病羊隔离室、治疗室、无害化处理设施等。场区内的各区要严格划分，并且场区内的污道和净道也要严格的区分。饲料加工与贮存等建筑与外界联系较多，通常设在管理区的一侧。饲料贮存间的一侧紧贴生产区围墙，在围墙上开一门，这样既方便生产，又可避免运送饲料的车辆进入生产区，以保证生产安全。为了达到良好的防疫效果，可以在养殖场的四周以及场区内的道路两旁、空地上设置绿化带，还具有改善羊场小气候的作用。

羊场内的建设布局也要合理，肉羊在生产过程中，包括种羊的饲养管理、繁殖、羔羊的培育、育肥羊的饲养管理、饲草饲料的运送和贮存、疫病防治等，这些生产过程使得各建设物间存在着功能上的联系，因此为了使生产有序地进行，达到卫生、防火、防疫的安全要求，就要统筹安排建筑物建设，尽量做到配置紧凑、占地少、利用最短的运输、供水供电线路，降低生产成本的同时，保证生产过程正常有序地进行。

为了便于管理，减少疫病的发生，提高肉羊养殖的经济效益，要根据肉羊的不同用途、不同的生长发育阶段以及不同的生理阶段设置不同类型的羊舍。羊群可分为种公羊、种母羊、后备羊、羔羊、育肥羊，其中种母羊又可分为妊娠母羊、空怀母羊以及哺乳母羊。羊舍的分类并不是绝对的，可根据本地的实际养殖条件来设置。羊舍在建设时要注意羊舍的地面，目前标准化羊场多使用漏缝地面，可以给羊提供干燥的卧床，并且羊的粪便可经缝隙露下，便于清理。羊舍的门要求宽 2.5~3 米，高 1.8~2 米，便于车辆进出运送饲料，窗户离地面高 1.3~1.5 米，以保证良好的通风，并且羊舍的采光也较好。羊舍的墙壁和屋顶可使用保暖隔热的材料。

成年羊舍。成年羊舍可分为种公羊舍和种母羊舍，种公羊一般单独分舍散栏饲养，占地面积为每只 2 米^2。成年种母羊以及处于妊娠前期的母羊也为单独舍散栏饲养，占地面积为每只 1 米^2，可以为开放、半开放或者封闭式。

分娩羊舍。这一阶段是指种母羊在妊娠后期进入分娩舍，为单独栏饲养，每栏的面积为 2 米^2 左右，羊床上要垫有厚垫草，同时还要设有羔羊补饲栏。

羔羊舍。羔羊在断奶后进入羔羊舍，每只羔羊的占地面积为 0.5 米^2，散栏饲养。羔羊生长发育在 6 月龄时，母羔可留为后备母羊转入后备羊舍，公羔则转入育肥舍，分群时要根据年龄、体重大小、强弱程度进行分群饲养。羔羊的体温调节能力较差，易受凉患病，羔羊舍要做好保暖工作。

羊场内要建设健全的消毒设施。养殖场的门口要设置消毒池，以供进出车辆消毒用，并且在场区的入口还要有消毒间。羊舍的门口要有消毒盆，盆内的消毒药液要勤换，工作人员进入羊舍前要严格地消毒。

羊舍面积：每只成年种公羊为 4~6 米^2；产羔母羊为 1.5~2 米^2；断奶羔羊为 0.2~0.4 米^2；其他羊为 0.7~1 米^2。产羔舍按基础母羊占地面积的 20%~25%计算，运动场面积一般为羊舍面积的 1.5~3 倍。

温度和湿度：冬季产羔舍最低温度应保持在 10℃以上，一般羊舍 0℃以上，夏季舍温不应超过 30℃。羊舍应保持干燥，空气相对湿度应低于 70%。

通风与换气：封闭式羊舍必须具备良好的通风换气性能，能及时排出舍内污浊空气，保持空气新鲜。

采光：采光面积通常是由羊舍的高度、跨度和窗户的大小决定。在气温较低的地区，采光面积大，有利于阳光照射，提高舍内温度，而在气温较高的地区，过大的采光面积不利于避暑降温。设计时，应按照既利于保温又便于通风的原则灵活掌握。

长度、跨度和高度：应根据所选择的建筑类型和面积确定。单坡式羊舍跨度一般为 5~6 米，双坡单列式羊舍为 6~8 米，双列式为 10~12 米；羊舍檐口高度一般为 2.4~3 米。

第四节　舍饲圈养的注意事项

一、防寒防暑

北方的冬季寒冷而漫长，冬季必须注意羊舍的保温。

1. 防寒

（1）在不影响饲养管理以及羊舍内卫生状况下，适当调整饲养密度。

（2）利用垫草保温，垫草可以保温吸湿，吸收有害气体。

（3）调整羊日粮的能量浓度，提高饮水温度，不让羊只喝冰水。

2. 防暑

（1）要经常清除羊舍周围的杂草，羊舍南北墙开设空气对流窗，加强通风。

（2）羊舍的朝阳面设置遮阳棚，避免日光直射，增加羊舍周围的绿化面积，改善小气候。

（3）加强营养，提高日粮的营养浓度，进一步增强羊只对高温环境的抵抗能力。

（4）增水补盐，保证饮水槽有充足洁净的水，并加入适量的食盐，以保持羊只机体平衡。

二、舍饲羊饲料的储备

舍饲养羊要保证足够的饲草饲料，充足的饲草饲料是舍饲养羊的关键。饲料的选取和喂养方式直接关系到养羊的生产和经济效益。在草木旺盛期，可以充分利用羊舍位置的地理优势，选取一些现成的饲草饲喂，以减少饲料的投入成本。但在冬季，由于气温降低，枯草期长，自然饲料急剧减少，这时候，人工饲料就要有充分的储备。青贮饲料是一种很不错的饲料，营养价值高，适口性好，但是青贮饲料在配制过程中要注意营养均衡。饲喂时由少到多，使羊群慢慢适应。所以有必要提高青贮饲料的加工技术，以提高舍饲养羊的经济效益。

舍饲养羊的饲喂方式也至关重要。

一是因为羊是典型的反刍动物，应坚持“粗料为主，先粗后精，精粗合理搭配”的原则（一般建议粗精料比例为7：3或8：2，也可根据实际饲喂效果适当调整比例），并且保持多样化，防止羊只厌食，减少采食量，导致羊只增重缓慢，且要做到少喂勤添，减少饲料浪费，提高饲料利用率。

二是必须保证有充足的饮水，充足的饮水有利于饲料的消化吸收，饮水要清洁卫生，冬天避免饮用带冰碴的水。

三是为了提高羊只的抗寒能力，还要补充能量饲料以及微量元素。

四是不喂霉变的饲料，否则可能引起羊只中毒。这样的饲喂方式有利于羊只对饲料的吸收，减少饲料的使用量，有利于提升饲料的营养价值，从而降低舍饲养羊的成本，提高养羊的经济效益。

三、健全的防疫技术和制度

建立健全各种防疫制度，防止疫病的发生。舍饲养羊要做好防疫工作，坚持“防重于治”的方针，有计划地进行药物驱虫和免疫接种。

建立严格地消毒制度。新建的羊舍应进行全面、彻底、严格地消毒，才能进入羊只；羊舍进出口设置消毒池和消毒槽；生产区和办公区要分开；场门与生产区入口处设置消毒池，药液要经常更换，保持有效浓度。羊舍地面、墙壁、围栏也要经常进行消毒；料槽、水槽等也要定期消毒。圈舍消毒时先清扫干净，然后用2%～4%氢氧化钠水溶液或10%～20%氢氧化钙消毒，每年春秋各消毒1次，夏季2次。还要防止场外动物进入场区，外来人员和车辆不能进入生产区。

制定严格的防疫制度。新引入的羊只必须进行隔离和认真检疫，确保安全后才能进入本场。羊只要按照免疫程序，有计划地、定期准时免疫接种，这也是预防和控制羊病的重要措施。

制定完善的驱虫制度。驱虫是预防和治疗羊寄生虫病的主要措施，为了防止羊的生长发育受阻，必须加以重视，一般建议1年驱虫2次，选在春季和秋末冬初为宜，因为这时是寄生虫较为活跃的时期，最好体内外各驱虫1次。药浴驱虫时要保证羊只充足的饮水，以免羊只进入药浴池后，误饮药液中毒。另外，药浴必须在晴天进行。

第七章　肉羊常见疾病及防控技术

第一节　羔羊痢疾

羔羊痢疾是一种新生羔羊感染 B 型产气荚膜菌所患的毒血症，患畜出现精神状态不佳，严重腹痛腹泻，肠道发炎溃疡等临床症状。本病发病率高，死亡率高，因此，提前做好预防极为重要。加强饲养管理，做好免疫与药物预防工作，降低发病的可能性，从而减少养殖经济损失。

此病的发病原因比较复杂，病原主要有以下几种：大肠杆菌、肠球菌、沙门氏菌、产气荚膜杆菌（B 型、C 型、D 型）等。妊娠母羊饲料粗糙无营养，身体虚弱，疾病缠身，会导致所产羔羊体质较差，抗病能力较弱，再加上外界环境的刺激，会加速此病的暴发，带来巨大的经济损失。

一、诊断要点

养殖工作人员根据患畜的临床症状和剖检变化可以做出初步诊断，若要确诊本病需要采样借助实验室，进行细菌培养鉴定确诊。在临床诊断过程中，要注意区分由不同原因引起的羔羊痢疾。

1. 临床症状

羔羊痢疾高发于产羔季节，出生 7 天内的新生羔羊最易感染此病，本病的潜伏期较短，一般为 48 小时左右，有的羔羊在感染 16 小时左右就会出现典型的临床症状。患畜表现出高热不退，精神萎靡，食欲下降，眼鼻分泌物增多，眼睛面部水肿严重，呼吸困难，羔羊粪便不成形，似粥样，并伴有坏死的组织碎片，有些羔羊拉出带有血液的红棕色水状松散粪便，恶臭，粪便黏附在病羊的整个后躯上。随着疾病的发展，病羊脱水，严重营养不良，最后由于无法吸奶而死。

2. 病理变化

剖检病羊尸体可以观察到肠壁呈卡他性肠炎，肠黏膜充血肿胀，内部充满红色内容物，伴有大量气泡，颜色潮红，附着黏液，上皮细胞变性坏死，细胞核溶解并伴有肠绒毛脱落，淋巴细胞、单核细胞和嗜酸性细胞浸润。患病时间较长的羔羊，肠黏膜坏死、溃疡，出现大小不等的病灶区。在肠黏膜表面，黏膜肌层、黏膜下层均可见出血点，坏死灶，颜色变淡。病羊胃黏膜充血肿胀，有大小不同的出血点，颜色潮红，上皮细胞常见脱落、变性，与渗出物混合。腺体上皮脱落，红细胞浸润，炎性细胞渗出。胆囊肿大，胆汁黑色或棕色，性状黏稠，胆汁淤滞程度不一；肺部扩大出血，气管内存有大量纤维素。

3. 实验室诊断

工作人员在羔羊濒死或刚死时采集病料进行细菌学检查。工作人员收集活病羊的粪便，触片，革兰氏染色，在显微镜下可以观察到带有荚膜的杆状菌，即大肠杆菌。收集病死羔羊的肝脏、脾脏和小肠的病变组织，触片，革兰氏染色，在显微镜下可以观察到产气荚膜菌。产气荚膜菌为厌氧菌，易培养，分离细菌进行生化试验。取病死羔羊的肠内容混合物，过滤，接种到试验鼠，进行中和试验，鉴定毒素与菌型。

二、防治

1. 西药疗法

肌内注射庆大霉素注射液，按照病情酌情用量，每只羔羊 1~2 毫升；肌内注射磺胺五甲嘧啶，每只羊 1~2 毫升；使用福尔马林 0.2 毫升，硫酸镁 2 克，加 20 毫升温水，一次灌服；灌服含有胃蛋白酶和土霉素各 0.3 克的凉白开 100 毫升，2 次/天；对脱水严重的羔羊要及时补充液体，10%葡萄糖 200 毫升，维生素 C 1 克或 10%葡萄糖酸钙 4 毫升，静脉注射，2 次/天；也可静脉注射分子右旋糖酐 100 毫升。做好基础免疫工作，每年秋季对母羊注射羊三联四防苗，并在产羔前 2~3 周加强免疫注射 1 次。

2. 中药疗法

使用小茴香酊 5 毫升灌服，或用白酒 500 毫升，红糖 120 克，开水 200 毫升，混合后每只羊灌服 3~5 毫升。固肠止痢，可取 30 克白芍、30 可金银花、20 克甘草、25 克黄柏、25 克木香、25 克大蒜、15 克大黄、25 克毛大丁草、30 克白头翁、30 克川断、25 克乌梅、15 克一点红，研磨成粉状，用水煎熬后灌喂患病羊；脾胃虚弱型，可取20克黄芩、50克地黄、30克龙胆草、25克苍耳子、30克桔梗、30克枳壳、30克马齿苋、30克槐花籽，将以上选用的中药材研磨成粉，用开水调服即可。

3. 加强饲养管理

加强妊娠母羊的饲养管理，在日粮中添加蛋白质和维生素等营养物质，提高母羊的体质，做好季节性抓膘固膘。母羊健壮，母乳充足，则可以提高羔羊成活率，增强羔羊抗病能力。及时清理圈舍粪便，做好圈舍的保温通风工作，定期消毒圈舍、饲料槽、水槽等，保证饮食饮水干净无污染。

第二节　羊肠胃炎

羊胃肠炎作为羊的一种常见病，主要发生于夏季以及秋季。该病主要是在强烈的致病因素的刺激下导致羊的胃肠黏膜或者其深层组织出现以出血或者坏死为代表的炎症。该病不仅会导致哺乳母羊奶量的减少，羔羊因快速消瘦而成活率降低，同时会影响育肥羊的育肥效果。如果羊胃肠炎不能得到及时有效的治疗，会造成养殖场极大的经济损失。因而有必要对羊胃肠炎的发病原因、诊断以及治疗方法有一个全面的了解。

一、发病原因

1. 缺乏科学的饲养管理

在寒冷的冬季以及气温骤变时期，如果羊舍缺乏充足的保暖性能，极容易使羊群被寒冷所侵袭。如果羊群长期处于放牧饲养的状态，突然转变为舍饲，或者突然更换饲料，羊群处于过饱或者过饥，暴饮或者缺水的状态，没有做好羊群的定期驱虫工作，都会导致羊群抵抗力降低，大肠杆菌等一些存在于羊群的胃肠内的条件致病菌，通过其致病作用对羊群的胃肠道造成损害，使其功能紊乱进而导致胃肠炎的发生。

2. 饲料被污染或者品质低劣

在羊群的饲养过程中，喂食了腐败变质、冰冷或者被重金属以及农药、化学等污染的草料，都容易刺激羊群胃肠道黏膜上皮的感受器从而直接或者间接的影响羊群胃肠的蠕动以及消化机能，进而出现卡他性炎症，导致羊胃肠炎的发生。

3. 用药不规范

在日常的饲养过程中，滥用抗生素，会破坏其胃肠道内微生物菌群的平衡，进而导致严重胃肠炎的发生。

二、临床症状

羊胃肠炎根据其临床症状的不同可以分为急性型和慢性型两种。

1. 急性型

在患病初期，病羊首先出现消化不良的症状。食欲以及精神不振，甚至出现拒食的症状；口舌发干，有明显的口臭味，舌苔厚重，颜色为黄色或者白色；反刍减少甚至停止，鼻镜较为干燥；出现明显的腹泻症状，粪便类似于粥状，或者类似于稀水状，其中掺杂着一些血液或者坏死的组织碎片，有明显的腐臭味；腹痛，但是程度各不相同，一些病羊因腹痛开始蜷缩。如果病羊出现严重的脱水，极有可能出现高热的症状，呼吸困难，心跳加快，皮肤逐渐失去弹性；如果病情较为严重，病羊体温降低，脉搏较快但是较为虚弱，长期处于昏睡状态或者出现抽搐现象，最终因衰竭而导致死亡。

2. 慢性型

病羊一旦患有慢性型胃肠炎，其精神不振、食欲忽好忽坏、存在严重的挑食或者异食癖，或者便秘以及腹泻交替发生。羊慢性型胃肠炎的病情较轻但是其病程较长，如果长期得不到有效的治疗会引起恶病质。

三、病理变化

剖检病羊，可见其肠内容物中含有大量的血液并有极度的恶臭味，胃肠黏膜上有出血点或者溢血斑，存在一层覆盖物，覆盖物的形状类似于麸皮。黏膜下方有大量的白细胞，同时存在水肿现象。对于坏死的病变组织，将其剥落以后，可见溃疡以及烂斑。如果病程较长，其肠壁会增厚并且发硬。

四、诊断方法

结合该病的发生原因、临床症状以及病理变化即可对该病进行诊断。

五、治疗方法

对胃肠炎中兽医辨证以湿热型为主，治宜清热利湿、解毒止痢。方用白头翁汤加减：白头翁12克、秦皮9克、郁金9克、茯苓6克、泽泻6克、山楂6克、黄芩3克、大黄3克、山栀3克、木香2克，用清水煎煮后为病羊灌服；也可以将白头翁15克、银花15克、秦皮15克、连翘15克、葛根12克、黄芩9克、黄柏9克、赤芍9克、黄连6克、丹皮6克，用清水煎煮后为病羊灌服。每天1次，连续服药4天即可取得良好的治疗效果。在病症减轻以后，可以在病羊的饲料中添加10克/千克的石榴皮散，连续为病羊喂服4天，对于止血以及改善胃肠功能具有明显的效果。

第三节　布鲁氏菌病

羊布鲁氏菌病又称羊布病，是由布鲁氏菌感染引起的一种人畜共患的传染病。该病会对羊的淋巴系统以及生殖系统造成极大的影响，导致母羊的不孕、流产以及公羊的睾丸炎。近年来，随着我国养羊产业的不断发展，养殖规模的不断扩大，羊布病发生日益频繁。如何做好羊布病的防控工作，给兽医工作者带来了极大的困扰。

一、流行特点

1. 易感动物

母羊布病的发病率要明显高于公羊，尤其是第一次妊娠的母羊。患病后的母羊一般只会发生一次流产，出现两次流产的情况较少。老疫区的病羊一般不会出现流产，而是经常出现子宫炎、关节炎、乳腺炎以及胎衣不下等症状。饲养管理不当、羊群过于拥挤、羊舍内寒冷潮湿等都容易导致该病的发生以及扩散。

2. 传染源以及传播途径

病羊以及带菌动物是该病的主要传染源。布鲁氏菌会随着流产的胎儿及其胎衣、阴道内的分泌物等大量排出，从而对羊舍以及羊舍内的物品造成污染。患病后流产的母羊其乳汁内也含有大量的布鲁氏菌，乳汁中的布鲁氏菌还会随着羔羊的粪便排出。此外，患病公羊的精液中也含有大量的布鲁氏菌，会随着配种进行传播。该病主要通过消化道、呼吸道以及破损的皮肤以及黏膜进行传播。

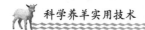

二、临床症状

妊娠母羊患病后多在妊娠 3~4 个月时发生流产。流产前病羊的阴唇以及阴道黏膜出现红肿，阴道内外可见浅褐色或者灰白色的黏性分泌物，乳房出现肿胀，泌乳量明显减少，进而出现流产。也有一些妊娠母羊在没有任何症状的情况下突然出现流产，大多数妊娠母羊流产后会出现子宫内膜炎以及关节炎等症状。患病公羊的主要临床症状为睾丸炎以及附睾炎。睾丸明显肿大并且有热痛感，随着病情的延续其症状逐渐减轻，但是其配种能力明显下降。

三、病理变化

患病母羊流产的胎儿其皮下以及肌间充满浆液，胸膜腹腔内可见混有纤维素的淡红色液体，胃肠黏膜上可见小的出血点，胎衣表面附着有脓液或者纤维素的絮状物，胎膜增厚并伴有出血点，绒毛因充血而肿大，绒毛上可见黄绿色或者灰色的渗出物。患病母羊子宫黏膜混浊并且增厚，子宫黏膜表面附着有分泌物。患病公羊精囊上可见出血点以及坏死灶，睾丸以及附睾上可见明显的坏死以及化脓灶，病情严重时其整个睾丸坏死。患有慢性病的公羊结缔组织出现增生，睾丸萎缩并且变硬，生育功能降低。

四、实验室诊断

1. 镜检观察

将流产的胎衣或者胎儿的胃内容物经过科兹洛夫斯基染色后在显微镜下观察，可以看到红色的球状小杆菌。

2. 分离培养

将新鲜病料接种于不同的培养基后进行培养，根据不同培养基上的菌落的特性进行鉴定。

3. 血清学检查

根据血清凝集实验以及补体结合实验的实验结果进行鉴定。

五、防控措施

1. 加大宣传力度

相关管理部门应定期对养殖户进行防治宣传以及相关培训工作，让其了解到羊布病的危害性以及相关防治措施，从而更好地保护羊群。

2. 进行封闭饲养

养殖场应尽可能对羊群进行封闭饲养，避免其与外界牲畜的接触从而保证羊群群种的安全。如果必须要引种，在引种前应进行严格的筛查，引种后首先对引种羊只进行隔离饲养并检测其是否有患有布鲁氏菌病，只有确定其健康并且没有疫病的情况下才可将其放入羊舍内进行混养。引种过程中应对怀孕母羊以及抵抗力较低的幼羊进行重点保护。

3. 保证羊舍内的卫生

在日常的饲养过程中，应定期对羊舍、羊舍内的设施以及羊群可以接触到的物品进行卫生清理以及彻底地消毒，在消毒过程中应将多种消毒液混合使用，从而防止布鲁氏菌产生抗药性。羊舍内应保证充足的光照以及定期的通风换气，通过适当增加羊群的运动量提高其抵抗力。

4. 进行免疫接种

应定期对羊群进行布鲁氏菌病检测，对检测结果为阳性的羊只进行扑杀，扑杀后的尸体以及其他生殖分泌物应进行深埋或者焚烧等无害化处理，非阳性的羊只应免疫接种，以预防该病；此外，对免疫接种的羊只还应监测其体内抗体水平，发现不合格应立即进行补免。

第四节　小反刍兽疫

小反刍兽疫是由小反刍兽疫病毒引起的一种急性（亚急性）、发热、传染性小反刍动物疾病。发病率 80%~90%，死亡率 50%~

80%，有时高达100%。因为其发病特点和临床表现与牛瘟十分相似，该病又称伪牛瘟。小反刍兽疫发生时，动物常常出现体温升高，眼睛和鼻腔分泌物增多，腹泻和肺炎，口腔糜烂等症状，该病起病快，主要感染绵羊和山羊，对养羊业造成的危害十分严重。世界动物卫生组织规定小反刍兽疫是一种必须报告的动物流行病，在中国被列为一类动物疫病。

一、病原特性

小反刍兽疫病毒属副黏病毒属，仅有一种血清型，与同一属牛瘟病毒、麻疹病毒、犬瘟病毒密切相关。环境耐受力不强，耐高温，消毒剂（乙醚、氯仿）可轻易灭活。

二、流行病学特性

1. 感染源

受感染的绵羊和山羊是最主要的感染源。在症状出现至少7天后，被感染的羊体液和粪便中含有大量病毒，具有传染性。

2. 传播方式

该病主要通过直接接触传染，呼吸系统是感染的主要途径。这种病毒也可以通过精液和胚胎传播，可通过哺乳传染给下一代。

3. 易感动物

山羊和绵羊。牛接种小反刍动物疾病病毒可显示亚临床症状。猪是亚临床感染，但不传播病毒。

三、临床症状和剖检变化

由于动物种类不同，小反刍兽疫的临床症状可根据情况与症状特点分为最急性型、急性型和亚急性型或慢性型。本病的自然疾病只发生在绵羊和山羊身上。

1. 最急性型

山羊更常见。幼羊症状严重，发病率和死亡率高。体温升高，可达40~42℃，精神倦怠，反应迟缓，勃起障碍。眼睛流泪，鼻腔黏液，口腔溃疡，发病中期，病羊会出现腹泻症状，粪便呈水样，病程约6天，然后死亡。

2. 急性型

这种类型在山羊和绵羊中更为常见。鼻镜干燥甚至开裂，呼吸困难加重，支气管肺炎和咳嗽。黏液分泌物、唾液、黏膜溃疡、咳嗽、口腔溃疡、呼气、排泄水样、有时痢疾、腹泻、呼吸困难、脱水、流产、外阴和阴道炎、死前体温过低。

3. 慢性型

慢性型病程较长，开始持续2~3天的轻度腹泻，后期口、鼻孔及下颌骨周围形成脓疱，脓疱破裂之后形成痂皮，之后逐渐痊愈。

4. 剖检变化

口炎、结膜炎，结膜及口腔黏膜严重充血，卡他性炎症，散在小灰白色坏死灶；病变包括舌头、牙龈、上颚和脸颊。大肠、盲肠、结肠出血，严重可呈斑马纹。

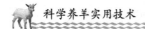

四、诊断

1. 常规诊断

主要根据发病动物的临床症状、病理变化及流行病学特点进行初步诊断。如果需要进一步诊断需实验室诊断。

2. 实验室诊断

（1）病原分离培养。采集鼻腔、结膜、直肠拭子，接种于绵羊肾细胞 2~3 代，该病毒需要经电镜鉴定。

（2）分子生物学检测。由于肺淋巴结内病毒含量最高，因此，采集肺淋巴结作为样本。实验室采用逆转录聚合酶链反应法检测小反刍兽疫的病毒 RNA。该方法能快速、灵敏地诊断小反刍兽疫。

五、防控措施

1. 免疫

一旦这种疾病发生，应立即扑杀绵羊和同群绵羊，可在疫区、受威胁地区进行免疫接种，建立免疫隔离。疫苗接种是预防小反刍动物疫病发生的重要手段，应加强对防疫技术人员的培训，做好羊的免疫工作。近年来，已成功研制出同源反刍动物小反刍兽疫疫苗，接种后可获得较好的免疫效果。四环素和磺胺类药物可用于预防继发感染和治疗该病的临床症状。

2. 加强检疫

禁止从疫区和可疑地区进口易感动物山羊、绵羊，禁止从可疑地区进口动物精液、胚胎、蛋类和动物制品。对引入牲畜进行隔离观察。一旦发现该疾病应立即扑杀和消毒；严格控制动物移动。

3. 提高育种管理水平

提高饲料营养水平，保证饲料营养均衡；科学测定畜禽饲养密度，保持冷暖、通风良好；定期消毒场地环境及圈舍；注意医疗设备和饲养设备的消毒；做好畜禽养殖、生产、管理的防疫工作，预防疾病的发生。

4. 采取措施

发现疫情时，应按照规定报告。确诊后应根据动物防疫法规和疫情进行报告，按国家法律法规和技术规范要求处置。

第五节 山羊口疮

山羊口疮又称羊传染性脓疱、口炎、口膜炎、烂嘴病等，是由传染性脓疱病毒引起，多发于绵羊和山羊，并主要危害羔羊的一种接触性传染病。羊感染后的主要临床表现是嘴唇、鼻孔周围出现脓疱和丘疹，溃烂后形成厚厚的疣状痂。本病多发于3~6月龄的羔羊，患病羔羊病死率较高。

羊维生素A、维生素B_2、维生素B_5或维生素C缺乏，锌缺乏，汞、铅中毒，以及食用霉变饲料等导致机体抵抗力下降，口腔黏膜损伤时，本病易发。病羊口腔疼痛，无法进食，进而导致营养不良，机体免疫力低下，继发感染其他疾病。

一、临床症状

羊口疮临床上可分为溃疡性口疮、水泡性口疮和卡他性口疮等。溃疡性口疮以口黏膜出现坏死和溃疡为特征，患羊主要表现为齿龈肿胀、出血、坏死，有溃疡，口腔特别臭，严重时牙齿松动或脱落，常发生败血症，病羊脱水、腹泻，衰竭而亡，溃疡性口疮死亡率一般在90%左右。水泡性口疮的特征是患羊口腔黏膜下层有透明的浆液性水泡。病羊口黏膜有散在或密集的水泡，一般3天左右水泡溃烂，露出鲜红的糜烂面。病羊减食，体温升高，一般6天左右痊愈。水泡性口疮死亡率一般在10%左右。卡他性口疮患羊最初口干，口腔黏膜敏感，采食、咀嚼缓慢，轻症羊口黏膜充血，舌苔灰白，时有出现吐草团或吐奶现象，重症羊唇、齿龈、腭部黏膜充血、肿胀，甚至糜烂。

二、治疗及防疫

羊口疮是山羊的一种常见传染性疾病。该病宜早发现，早治疗，早期以清洗患部、消炎、收敛为治疗原则。中后期病羊经过一段时间的抗菌消炎和辅助治疗也可治愈。

三黄汤是由黄连、黄芩、大黄及其他中药组成的，具有清热燥湿、泻火解毒等功效。三黄汤对金黄色葡萄球菌、大肠杆菌等革兰氏阳性菌和阴性菌有抑制作用。有试验验证三黄汤也具有消炎、镇痛的作用，治愈率达90%，且对病毒有一定的抑制作用。

注射疫苗是预防该病的主要方法，虽有灭活疫苗或弱毒疫苗用于羊口疮的防治，但其预防效果不理想。有研究认为羊口疮高免血清治疗和预防的效果较显著。疫苗免疫预防组和康复血清预防组的对比试验结果显示，康复血清预防组对羔羊的保护率远高于疫苗免疫预防组。

生产中，畜禽疾病的发生往往与饲养管理条件、畜禽自身的免疫力等有关，因此防控羊口疮首先应加强饲养管理，保持饲养场所清洁，供给羊均衡营养，并避免羊串舍，以防本病传染。

参考文献

阿不都热西提·牙生，2018. 浅析羔羊的饲养管理［J］.今日畜牧兽医（8）：47.

阿嘎如，2012. 舍饲养羊的饲养管理技术［J］.畜牧与饲料科学（Z1）：125-127.

阿依古丽·艾办，2016. 羊布鲁氏菌病的诊断与防治［J］.畜牧兽医科技信息（12）：70.

鲍志鸿，赵玉民，马惠海，等，2004. 引进肉羊鲜精低温存活时间的报道［J］.中国草食动物（S1）：74-75.

布仁，荣威恒，张志刚，等，2002. 无角陶赛特羊在内蒙古的适应性观察与研究［J］.内蒙古畜牧科学（2）：5-6.

柴建民，王海超，刁其玉，等，2014. 湖羊羔羊最佳早期断奶日龄的研究［J］.中国草食动物科学（S1）：207-209.

常永丽，2014. 浅议羊舍饲圈养技术［J］.农业技术与装备（15）：40-42.

常约，田永清，杨美叶，2002. 小尾寒羊、德国美利奴与本地羊杂交试验［J］.山西农业大学学报，22（1）：7-10.

陈北亨，王建辰，2006. 兽医产科学［M］.北京：中国农业出版社.

陈兵，2003. 山羊同期发情、超数排卵及胚胎移植研究［D］.重庆：西南师范大学.

陈玲，孙炜，孙永明，等，2006. 湖羊的养殖技术［J］.农村养殖技术（17）：7-9.

陈晓涛，张焕然，等，2003. 德国美利奴羊在新疆的应用前景［J］.中国草食动物（1）：7-9.

陈晓勇，敦伟涛，田树军，2012. 肉羊繁育关键技术研究、示范及应用［J］.黑龙江动物繁殖，20（1）：1-5.

陈亚明，2002. 绵羊精液超低温冷冻程序及稀释液优化方法的研究［D］.兰州：甘肃农业大学.

陈洋，2014. 体重对巴美肉羊屠宰性能和羊肉品质的影响［D］.呼和浩特：内蒙古农业大学.

程莲，李桂森，2018. 山羊口疮治疗和预防［J］.四川畜牧兽医，334（6）：52-53.

戴旭明，韩玉刚，田丽琴，1990. 湖羊繁殖季节的比较与选择［J］.浙江畜牧兽医（3）：25-26.

邓凯伟，陈凤曾，2007. 影响受体羊同期发情调控的因素［J］.河南畜牧兽医（28）7：10-11.

丁威，陈军，凌天星，2006. 波尔山羊超数排卵技术的研究［J］.上海畜牧兽医通讯（4）：36-37.

杜飞，2012. 20~35 千克萨福克×阿勒泰杂交母羊能量需要量的研究［D］.武汉：华中农业大学.

段子渊，1998. 动物性别决定的分子机理及性别鉴定与控制新技术［J］.黄牛杂志，24（3）：52-55.

范晓燕，2015. 山羊口疮病的预防与治疗［J］.现代农业科技（10）：260-262.

方金亮，2018. 羔羊的饲养管理技术措施［J］.畜牧兽医科技信息（4）：74.

费山平，2017. 羔羊的饲养管理要点［J］.今日畜牧兽医（11）：52.

冯旭芳，常红，贾兆玺，等，2000. 波尔山羊的品种特性及利用途径［J］.山西农业科学，28（4）：68-73.

付静涛，朱士恩，余文莉，等，2005. 影响绵羊、山羊超数排卵及胚胎移植效果因素分析［J］. 中国农业大学学报，10（5）：58-61.

高爱琴，李虎山，王志新，等，2008. 巴美肉羊肉用性能和肉质特性研究［J］.畜牧与兽医，44（2）：45-48.

高娃，2010. 苏尼特羊小肠组织结构及黏膜免疫相关细胞分布的研究［D］.呼和浩特：内蒙古农业大学.

高维强，2012. 用 MES 稀释液液态保存山羊精液果糖代谢的研究［D］.泰安：山东农业大学.

葛成江，李守江，党鹏程，等，2015. 寒冷条件下湖羊同期发情及人工授精效果分析［J］.甘肃畜牧兽医（7）：21.

耿荣庆，常洪，杨章平，等，2002. 湖羊起源及系统地位的研究［J］.西北农林科技大学学报（自然科学版）（3）：21-24，28.

郭会玲，陈世军，龚新辉，等，2015. 羔羊痢疾的诊疗［J］.中国兽医杂志，51（3）：54-55.

郭金兰，王文英，王秀丽，2012. 杜泊羊在包头地区的养殖情况［J］.当代畜牧（8）：11-12.

郭晓昭，李莉，谢传昀，2004. 有 FSH 和 PMSG 超排不同品种山羊的对比试验［J］.草食家畜，122（1）：32-33.

哈福，赵有璋，2003. 在绵羊冷冻精液解冻液中添加复合维生素 B 提高冻精解冻后品质的研究［J］.中国草食动物，23（5）：19-20.

哈斯蒙德，2013. 乌珠穆沁羊肉销售渠道研究［D］.呼和浩特：内蒙古师范大学.

何家良，吴永建，王春秀，2014. 成都麻羊的种质资源保护［J］.四川畜牧兽医，291（11）：16，19.

呼格吉乐图，旭日干，2005. 我国山羊业的发展现状及趋势分析［J］草食家畜（4）：1-8.

胡明信，吴学清，1997. 哺乳动物性别控制研究进展［J］.中国兽医学报，7（5）：517-520.

黄德林，2004. 中国畜牧业区域化、规模化及动物疫病损失特征和补贴的实证研究［D］.北京：中国农业科学院.

黄钢钢，邓梁，陈杰，2017. 羊布鲁氏菌病的危害及合理防治

之研究 [J].兽医导刊（6）：57.

黄洲，冯华，2017. 舍饲养羊疫病防治技术措施 [J].江西农业（13）：52.

吉尔嘎拉，满达，姚明，2005. 苏尼特羊肉的营养和保健价值的研究 [J].中国草食动物（3）：55-56.

贾志海，1999. 中国绒山羊育种现状及展望 [J].中国畜牧杂志（5）：55-57.

姜怀志，韩迪，郭丹，2011. 辽宁绒山羊的若干种质特性 [J].中国草食动物（6）：72-75.

姜怀志，李莫南，娄玉杰，2001. 中国产绒山羊的分布生产性能与生态环境关系间的初步研究 [J].家畜生态，22（2）：30-34.

孔凡虎，朱应民，许海军，等，2013. 肉羊鲜精液态保存技术研究进展 [J].山东畜牧兽医，34（9）：83-84.

况宗南，2018. 羊布鲁氏菌病的诊治 [J].畜牧兽医科技信息（11）：74.

兰正恒，2014. 舍饲羊舍建设技术 [J].山东畜牧兽医，215（12）：21，25.

雷芬，唐晓辉，张国洪，等，2006. 成都麻羊的发展与研究 [J].草业与畜牧，133（12）：44-45，51.

李长青，2010. 不同饲养条件下内蒙古绒山羊瘤胃甲烷菌组成的研究 [J].华北农学报，25（5）：228-233.

李丰田，赵艳娇，张晓鹰，等，2020. 辽宁绒山羊绒肉兼用品系IGF2基因克隆、分子特征分析［J］.黑龙江动物繁殖（2）：15-18.

李国志，2018. 育肥羊饲养管理分析应用［J］.中国畜禽种业（6）：88.

李焕玲，王金文，2005. 绵羊鲜精不同输精方式受胎率效果观察［J］.中国草食动物，25（6）：23-25.

李继文，2011. 种公羊的饲养管理及合理使用［J］.山东畜牧兽医（5）：24.

李佳丽，2014. 育肥羊的饲养管理［J］.中国畜牧兽医文摘，30（10）：101.

李俊年，1999. 新疆细毛羊超排胚胎移植核心群育种方案的确定［J］.甘肃农业大学学报（2）：163.

李明，2007. 农区舍饲养羊关键措施［J］.新疆农垦科技（4）：43.

李永明，覃远芳，2000. 波尔山羊与宜昌白山羊杂交改良试验［J］.中国畜牧杂志，36（6）：34-35.

李玉冰，2005. 波尔山羊胚胎移植中超数排卵和同期发情技术的试验研究［D］.北京：中国农业大学.

梁明振，卢克焕，2002. 动物性别控制研究现状［J］.上海畜牧兽医通讯（4）：8-9.

廖海艳，2007. 哺乳动物性别控制的研究进展［J］.湖南农业科学（1）：93-95.

林德贤，2014. 改革创新　发展龙陵黄山羊产业［A］//农村农业改革创新新与农业现代化论文选编（上册）［C］.昆明：云南省老科技工作者协会：云南省科学技术协会.

林小能，2017. 小反刍兽疫竞争 ELISA 抗体的检测［J］.畜牧兽医科技信息（11）：19-20.

刘长河，2010. 不同保存方案对山羊精液液态保存的影响［D］.泰安：山东农业大学.

刘芳，2006. 中国肉羊产业国际竞争力研究［D］.北京：中国农业科学院.

刘国民，2011. 无角多赛特、苏尼特、乌珠穆沁羊种间抗病性比较［D］.呼和浩特：内蒙古农业大学.

刘国权，2009. 空怀期和妊娠期母羊饲养管理［J］.畜牧兽医科技信息（1）：45.

刘济民，李昌锁，方占山，等，2000. 羔羊育肥综合配套技术［J］.中国农垦（12）：20-21.

刘梅，李菊芬，2016. 南方暖冬区标准化羊舍的选址与建设分析［J］.当代畜牧，1（中）：45-46.

刘铁男，2017. 种公羊的饲养与管理［J］.现代畜牧科技，27（3）：16.

刘喜生，李步高，岳文斌，2014. 肉羊遗传育种与繁殖技术发展趋势［J］.中国草食动物科学，34（3）：61-63.

刘玉峰，李武，兰翠，2002. 乙二醇对绵羊冻精效果的研究［J］.中国草食动物，22（6）：9-11.

柳荣，张中庸，等，1997. 乳牛精子细胞核的两性分离试验

[J].华北农学报，12（4）：127-129.

龙云凤，刘晓慧，周晓黎，等，2012. 小反刍兽疫流行病学及防控研究进展［J].动物医学进展，33（5）：94-98.

卢德福，2018. 羊胃肠炎的病因、临床表现及治疗方法［J].现代畜牧科技（10）：64.

卢明华，娄学任，1996. 中华“国宝”——辽宁绒山羊［J].江西畜牧兽医杂志（4）：36-37.

卢明文，张晓锋，2001. 波尔山羊与徐淮山羊杂种后代生长性能观察［J].浙江畜牧兽医（4）：17-18.

卢全晟，张晓莉，2018. 新疆肉羊养殖与羊肉生产消费发展现状分析［J].黑龙江畜牧兽医（14）：7-11.

鲁俊，2008. 肉羊繁殖生物技术应用研究［D].长春：吉林大学.

吕宝铨，李正秋，2013. 湖羊与杂交羊的区别鉴定［J].当代畜牧（6）：38-39.

吕东媛，2008. Ghrelin 在乌珠穆沁羊雌性生殖道内的表达及其真核表达载体的构建［D].呼和浩特：内蒙古农业大学.

栾庆江，张锁链，仓明，2003. 不同来源的促性腺激素对奶牛超数排卵的影响［J].内蒙古畜牧科学（6）：3.

罗承浩，贾德福，马骏洪，2004. 应用生殖免疫方法制作性别化冷冻精液对奶牛性别控制的研究［J].中国生物工程杂志，24（2）：84-87.

罗永超，2019. 山羊的饲养管理及防疫措施［J].中国畜禽种业（4）：116.

罗玉龙，赵丽华，王柏辉，等，2017. 苏尼特羊不同部位肌肉挥发性风味成分和脂肪酸分析［J］.食品科学，38（4）：165-169.

骆世媛，2011. 标准化羊场的选址和建设［J］.农村养殖技术（14）：14.

马保华，王光亚，赵晓娥，1999. 胚胎移植供受体山羊发情控制及配比问题的研究［J］.动物医学进展，3（3）：53-55.

马付，2018. 标准化肉羊养殖场的建设［J］.现代畜牧科技，38（2）：109.

马付，2018. 母羊不同时期的饲养管理方法［J］.现代畜牧科技（5）：32.

马建山，2006. 波尔山羊同期发情、超数排卵及其影响因素研究［D］.雅安：四川农业大学.

马三保，马鹏革，郑宝明，2000. 小尾寒羊在陕北地区适应性能的综合评价［J］.西北农业学报，9（1）：29-34.

马元梅，2008. 陶赛特羊精液品质和冷冻精液保存稀释的研究［J］.青海牧兽医杂志，38（3）：15.

毛杨毅，2002. 农户舍饲养羊配套技术［M］.北京：金盾出版社.

梅步俊，2006. 内蒙古白绒山羊繁殖性状的遗传规律及选择方法的研究［D］.呼和浩特：内蒙古农业大学.

孟智杰，2009. 绵羊性别控制配套技术的研究［D］.石河子：

石河子大学.
穆卿，2018. 褪黑激素对内蒙古绒山羊毛囊生长周期及 *Wnt10b*、*β-catenin* 基因表达的影响［D］.呼和浩特：内蒙古农业大学.
倪和民，郭勇，陈英，1996. 哺乳动物性别控制的研究进展［J］.北京农学院学报，11（1）：129-134.
倪利平，郑云胜，2007. 我国与世界山羊业发展现状的对比分析［J］畜牧与饲料科学（6）：30-34.
聂光军，2002. 奶牛的性别控制［J］.中国奶牛（5）：40-41.
潘洋，2018. 羊规模化养殖模式、生长发育与繁殖性能的研究［D］.杨凌：西北农林科技大学.
庞训胜，王荣祥，吴义，等，2002. 孕酮阴道栓对山羊同期发情的影响［J］.安徽技术师范学院学报，16（1）：7-9.
秦立波，2019. 繁殖期母羊饲养管理技术［J］.养殖与饲料（3）：31-32.
全国绵羊精液冷冻技术科研协作组，1982. 绵羊精液冷冻保存技术研究［J］.中国农业科学（6）：23-27.
任进，2003. 肉羊的人工授精技术［J］.四川农业科技（3）：25-26.
任志强，任正友，李希才，等，2002. 受体羊同期发情处理技术［J］.黑龙江动物繁殖，5（3）：41-43.
任智慧，刘长富，赵春平，2006. 光照控制改变无角陶赛特肉羊繁殖季节的试验研究［J］.畜牧兽医杂志，25（4）：

23-24.

沙成相，2016. 山羊的饲养管理及疫病防控措施 [J].农民致富之友（8）：256.

莎丽娜，靳烨，席棋乐木格，等，2008. 苏尼特羊肉食用品质的研究 [J]. 内蒙古农业大学学报（自然科学版），29（1）：106-109.

申汉彬，2016. 育成羊饲养管理的要点 [J].现代畜牧科技，15（3）：12.

申淑君，2006. 绵羊同期发情的科学调控技术 [J].河北农业科技（10）：25.

师汇，常永成，韩惠瑛，2006. 舍饲养羊疫病防治技术措施 [J].中国动物检疫（5）：38-39.

石国庆，杨永林，2002. 细型和超细型羊子宫角冷冻精液输精技术研究与应用 [J].草食家畜（2）：12-14.

史静，2019. 羊胃肠炎的诊断及治疗 [J].中收医学杂志，209（1）：62.

树田博司，等，1989. X 精子 Y 精子分离实验动态 [J].国外畜牧科技，16（1）：21-22.

苏和，1999. 内蒙古克什克腾旗绵羊鲜胚移植技术应用研究 [J].内蒙古畜牧科学（3）：32-34.

孙福，2003. 风味悠悠烤羊腿 [J].烹调知识（4）：27.

孙晋中，刘贤侠，施巧婷，等，2004. 波尔山羊不同超排方法效果的分析 [J].黑龙江动物繁殖，12（4）：8-10.

孙胜祥，2007. 德美×寒、陶赛特×寒 F_1 代羔羊生长速度和产肉性能的研究［D］.兰州：甘肃农业大学.

孙晓辉，2017. 羊布鲁氏菌病的综合防控措施［J］.当代畜禽养殖业（1）：29.

孙亚波，边革，刘玉英，2014. 辽宁绒山羊羔羊肉用性能和羊肉品质研究［J］.现代畜牧兽医（9）：14-18.

孙业良，2006. 绵羊微卫星标记与生长性能的相关分析及其在亲子鉴定上的应用［D］.南京：南京农业大学.

孙永峰，2007. 西北肉用绵羊新品群陶滩寒组合的微卫星标记研究［D］.北京：中国农业科学院.

索效军，陈明新，张年，等，2010. 麻城黑山羊的种质特性［J］.江苏农业科学（1）：207-209.

田可川，阿扎提，1999. 保存 20 年的美利奴羊冻精腹腔镜输精试验［J］. 中国畜牧杂志（1）：9-11.

田清武，2008. 湘西本地山羊种质特性及与波尔山羊杂交效果调查研究［D］.长沙：湖南农业大学.

田庆义，刘金福，李祥龙，等，1997. 波尔山羊与唐山奶山羊杂交试验（简报）［J］.河北农业技术师范学院学报，11（4）：71-73.

田树军，桑润滋，王保安，等，2002. 不同处理方法对山羊同期发情效果研究［J］.黑龙江畜牧兽医（8）：13-14.

田晓芬，2018. 舍饲养羊管理技术［J］.养殖与饲料（5）：30-31.

汪玉璧，2018. 甘肃省肉羊养殖户养殖行为与科技需求分析［D］.兰州：甘肃农业大学.

王冰，张贤伟，2018. 提高母羊繁殖率技术措施［J］.农村科技（6）：62-64.

王春强，马巍，马宁，2007. 绵羊同期发情技术在生产中的应用研究［J］.繁殖与生理，43（21）：16-18.

王光德，2015. 山羊的饲养及综合防疫措施［J］.中国畜牧兽医文摘，31（9）：125.

王海涛，2019. 羔羊痢疾的防治［J］.养殖与饲料（5）：104-105.

王杰，1982. 成都麻羊生产性能的研究［J］.中国畜牧杂志（5）：17-20.

王杰，金鑫燕，傅昌秀，等，2007. 成都麻羊与四川各地黑山羊品种（群体）mtDNAD-loop 序列多态性研究［J］.西南民族大学（自然科学版），33（2）：305-308.

王杰，金鑫燕，王永，等，2007. 成都麻羊 NSTN 基因的克隆测序［J］.西南民族大学（自然科学版），33（3）：493-501.

王杰，欧阳熙，王永，等，2002. 应用波尔山羊提高成都麻羊产肉性能研究［J］.西南民族学院学报，28（1）：45-49.

王杰，欧阳熙，王永，等，2007. 成都麻羊的生态地理分布及其生态类型［J］.西南民族大学（自然科学版），33（6）：1312-1315.

王杰，欧阳熙，王永，等，2008. 成都麻羊的保种与利用［J］.西南民族大学（自然科学版），34（1）：78-82.

王杰，王永，1993. 草地养羊学［M］.成都：四川教育出版社.

王金文，2014. 实用羊舍类型与示范［J］. 北方牧业（12）：14.

王进荣，江国永，陈邦良，等，2000. 孕酮海绵栓制剂对提高波尔山羊繁殖率的研究［J］.草食家畜，12（4）：21-23.

王景元，1996. 小尾寒羊山东地区标准［J］.中国养羊（1）：25-26.

王钧，2013. 5 个绵羊品种 BMPR-IB 基因多态性的研究［D］.兰州：甘肃农业大学.

王立强，陈辉，马健，2004. 小尾寒羊精液冷冻技术研究［J］.畜牧兽医志，23（1）：11-13.

王念功，吴志杰，1989. 羊胚胎移植技术的进展［J］.甘肃畜牧兽医（5）：54-56.

王赛赛，2016. 公绵羊精液品质相关基因群体遗传效应研究［D］.郑州：河南农业大学.

王曙雁，王伟，吴福荣，2007. 湖羊饲养技术［J］.上海畜牧兽医通讯（4）：73.

王巍，2014. 山羊疫病的诊治与预防［J］.农民致富之友（20）：255-256.

王伟，2007. 湖羊种质资源的保护及开发利用［D］.苏州：苏州大学.

王希朝，王光亚，赵晓娥，1999. 布尔山羊和布奶杂一代山羊超数排卵试验 [J].动物医学进展，5 (2)：47-49.

王细英，2017. 浅谈育成羊饲养管理技术 [J].中国畜禽种业 (8)：118.

王晓玲，2017. 羔羊痢疾的综合防治 [J].甘肃畜牧兽医，47 (1)：90-91.

王新蕾，邵义祥，王鹏，2007. 动物超数排卵技术研究进展 [J].实验动物与比较医学，27 (4)：280-284.

王新奇，2014. 绵羊精液稀释液、冷冻程序和离心除精浆的优化研究 [D].呼和浩特：内蒙古农业大学.

王永斌，2009. 常见山羊疫病防治技术 [J].畜牧市场 (8)：53-54.

王永亮，2013. 羊的饲养管理 [J].中国畜牧兽医文摘，23 (9)：57.

王永亮，2014. 育肥羊的饲养管理 [J].中国畜牧兽医文摘，30 (10)：104.

王泽文，1996. 苏尼特羊与涮羊肉 [J].吃的科学，16 (4)：40-41.

王增强，2017. 舍饲羔羊饲养管理要点 [J].中国畜禽种业，13 (10)：106.

温利华，王凤武，2000. 性别控制与在畜牧业中的应用 [J].内蒙古畜牧科学，21 (3)：20-21.

乌兰其其格，2011. 杜泊羊的适应性生长规律观察报告 [J].

畜牧与饲料科学（11）：10-15.

乌兰托娅，2010. 绵羊细管冷冻精液稀释液的研究［D］.呼和浩特：内蒙古农业大学.

吴高奇，张前卫，安祖舜，2001. 波尔山羊与德江山羊杂交效果初报［J］.贵州畜牧兽医，25（2）：5-6.

吴海峰，2016. 羔羊痢疾的病因、症状、鉴别和防治［J］.现代畜牧科技（9）：152.

吴海荣，2013. 两种日粮及补填左旋精氨酸对萨福克肉羊繁殖性能及血清生化、生殖激素的影响［D］.乌鲁木齐：新疆农业大学.

吴锦艳，尚佑军，田宏，等，2016，2007—2014 年国内外小反刍兽疫流行现状及分析［J］.中国兽医学报，36（4）：687-693.

吴伟，陈元明，等，1998. 奶牛的精液分离及性控试验［J］.内蒙古农牧学院学报，19（3）：17-18.

新疆农垦绵羊冻精科研协作组，1979. 绵羊冻精技术的研究［J］.新疆农业科学（2）：23-27.

徐林平，韩建林，等，2000. 牛的性别控制［J］.中国奶牛（5）：31-32.

徐廷生，雷雪芹，郭黛健，2004. 小尾寒羊在豫西丘陵山区的适应性研究［J］.黑龙江畜牧兽医（3）：24-25.

徐振军，闫长亮，2006. 小尾寒羊精液保存技术研究［J］.繁殖与生理，42（21）：15-18.

许利民，2018. 肉羊快速育肥饲养管理技术要点［J］.中国畜禽种业（6）：77-78.

玄家洁，2018. 山区羊场选址及圈舍的设计［J］.北方牧业（13）：23-24.

薛金国，2006. 引进杜泊羊在徐州地区的适应性观察［D］.扬州：扬州大学.

闫亚东，2004. 小尾寒羊 BMPR-IB 基因单核苷酸多态性及其与产羔性能关系的研究［D］.泰安：山东农业大学.

闫运清，2011. 小尾寒羊研究发展概况［J］.山东畜牧兽医（32）：22-23.

杨慈清，赵有璋，姚军，2005. 无角陶赛特羊和蒙古羊及其杂种后代血液生理生化指标测定分析［J］.甘肃农业大学学报，40（3）：278-281.

杨蕾，2018. 饲养方式对苏尼特羊脂肪组织中脂肪酸沉积的影响及机理研究［D］.呼和浩特：内蒙古农业大学.

杨炜峰，高志敏，窦忠英，2002. 胚胎移植技术的现状与展望［J］.乳业科学与技术，15（1）：29-33.

杨信志，1993. 牛 X、Y 精子的电泳分离及 F-body 检出的研究［J］.黑龙江动物繁殖，1（3）：22-24.

杨永林，倪建宏，皮文辉，等，2001. 中国美利奴羊非繁殖季节同期发情冻胚移植试验［J］.中国草食动物，3（2）：27-28.

姚新荣，耿文诚，沐兴良，等，2013. 波尔山羊与云岭黑山羊杂交改良效果初探［J］中国草食动物（1）：10-12.
姚雅馨，2017. 绵羊 *FecB* 突变高通量分型技术的建立及巴美肉羊多羔候选基因的筛选［D］.北京：中国农业科学院.
于晶峰，2006. 无角多赛特肉羊与蒙古羊铜、锌、锰、SOD、羟自由基及细胞免疫动态的研究［D］.呼和浩特：内蒙古农业大学.
亐开兴，金显栋，杨世平，等，2007. 龙陵黄山羊的种质特性［J］.畜禽业，2（13）：31-32.
袁安文，薛立群，蒲祖松，1999. 我国波尔山羊的发展现状与展望［J］湖南畜牧兽医（2）：4-5.
袁纪平，2007. 无角陶赛特、萨福克、德国肉用美利奴与蒙古羊四元杂交后代杂种优势的研究［D］.呼和浩特：内蒙古农业大学.
岳奎忠，于元松，周佳勃，等，2000. 改进山羊超数排卵方法的研究［J］.东北农业大学学报，31（1）：72-76.
岳文斌，杨国义，等，2003. 动物繁殖新技术［M］.北京：中国农业出版社.
昝启斌，2017. 小反刍兽疫诊断与防治［J］.中国畜禽种业（3）：72-73.
曾培坚，石国庆，皮文辉，等，1997. 用聚乙烯吡咯烷酮加 FSH 给母羊一次注射超排效果试验［J］.黑龙江动物繁殖，12（1）：10-12.
张爱玲，马月辉，李宏滨，等，2006. 利用微卫星标记分析 6

个山羊品种遗传多样性［J］.农业生物技术学报，14（1）：38-44.

张德福，刘东，吴华丽，2005.家畜精液冷冻保存技术研究进展［J］.国外畜牧学——猪与禽（4）：28-30，11.

张光勤，李建民，2002.哺乳动物XY精子分离技术的研究进展［J］.河南农业大学学报，36（2）：168-170.

张海峰，关忠仁，马佩军，2010.舍饲养羊疫病防治的技术要求［J］.中国畜禽种业（11）：85.

张宏博，刘树军，等，2013.巴美肉羊营养品质的研究［J］.肉类工业（5）：15-19

张宏博，刘树军，靳志敏，等，2013.巴美肉羊生长发育和胴体等级肉产量研究［J］.肉类研究（1）：8-10.

张宏福，张子仪，1988.动物营养参数与饲养标准［M］.北京：中国农业出版社.

张继攀，2018.大足黑山羊和内蒙古绒山羊杂交 F_1 代遗传特征分析［D］.重庆：西南大学.

张冀汉，2003.中国养羊业现状及发展对策（下）［J］.草食家畜（2）：8-12.

张建湘，杜延龄，许德明，等，1995.Percoll梯度离心法分离牛X精子及配种试验［J］.湖南医科大学学报，20（1）：28-29.

张居农，1995.绵羊胚胎移植受体化处理技术研究［J］.石河子农学院学报（1）：43.

张磊，冉汝俊，李金林，2000. 家畜超数排卵和胚胎移植的影响因素［J］.中国草食动物，2（4）：34-36.

张明，卢克焕，2003. 用分离精子进行性别控制研究的现状［J］.中国生物工程杂志，23（7）：57-59.

张少丰，2015. 肉用绵羊妊娠期和哺乳期能量及蛋白质需要量的研究［D］.武汉：华中农业大学.

张守荣，张建文，1992. 黄牛性别控制方法及其效果［J］.甘肃农业大学学报，27（4）：354-356.

张栓林，等，2000. 家畜性别鉴定与控制技术的研究进展［J］.畜禽业（5）：14-15.

张天民，张居农，王东军，等，1997. 应用氯前列烯醇对绵羊进行同期发情的试验［J］.草食家畜，1（2）：28-31.

张仙保，牛峰，张新杰，等，2016. 加快戈壁短尾羊选育工作的建议［J］.当代畜禽养殖业（6）：3-4.

张小宁，2012. Texel 与乌珠穆沁绵羊妊娠中、后期胎儿骨骼肌中肌肉形成和脂肪分化相关基因表达分析的研究［D］.北京：中国农业科学院.

张晓玲，2015. 肉羊的饲养管理技术［J］.中国畜牧兽医文摘，31（10）：78，185.

张艳，张树义，1999. 微卫星方法简介［J］.动物学杂志，37（2）：42.

张英莲，2017. 羔羊痢疾的中西医治疗措施［J］.中兽医学杂志（1）：38.

赵峰，易建明，2002. 奶牛性别控制技术研究及其利用［J］. 中国奶牛（2）：31-32.

赵怀鑫，袁淑先，冉汝俊，等，1997. 波尔山羊杂交鲁北白山羊试验初报［J］.中国养羊（3）：7-8.

赵杰，2017. 种公羊的饲养管理［J］.中国畜牧兽医文摘，33（10）：80，159.

赵敏孟，2013. 杜泊羊生长期能量代谢规律及需要量研究［D］.泰安：山东农业大学.

赵伟，王公金，徐晓波，2004. 波尔山羊发情周期和妊娠期外周血浆中孕酮、雌二醇和睾酮的浓度变化［J］.江苏农业科学（3）：26-28.

赵霞，达来，苏和，2006. 胚胎移植技术在纯种德国肉用美利奴羊选育中的应用研究［J］.内蒙古畜牧科学（2）：12-14.

赵有璋，2003. 种草养羊技术［M］.北京：中国农业出版社.

赵有璋，2005. 现代中国养羊［M］.北京：金盾出版社.

赵玉侠，姚素云，何国秀，等，2007. 羊的人工授精技术及操作要点［J］.河南畜牧兽医，28（2）：19-21.

朱定远，余婉如，1991. 家畜的性别及其控制［J］.江西畜牧兽医杂志（1）：39-41.

朱化彬，1994. 用聚乙烯吡咯烷酮溶解 FSH 制剂母牛一次注射超排效果好［J］.中国畜牧兽医（6）：24-26.

朱丽娟，兰世杰，李建华，2007. 母羊的饲养管理［J］.畜牧兽医科技信息（8）：48.

朱乃军，2012. 麻城黑山羊品种介绍［J］.中国畜牧业（4）：54-56.

朱炜，2017. 武威市小尾寒羊养殖存在问题及发展前景［D］. 兰州：兰州大学.

朱文夫，2014. 羊胃肠炎的诊断与防治［J］.畜牧与饲料科学，35（3）：109.

朱武洋，贾青，杨丽芬，2002. 精子分离技术的研究进展［J］.黑龙江动物繁殖，10（3）：7-9.

朱影，2018. 山羊的舍饲管理及疫病防治方法［J］.现代畜牧科技，47（11）：66.

朱玉成，2004. 影响山羊绒细度的因素及控制羊绒细度的研究现状［J］.中国草食动物，24（2）：35-3.

朱裕鼎，张坚中，陈元明，1982. 提高绵羊冷冻精液质量和受胎率的研究［J］.畜牧兽医学报，13（1）：9-16.

CURRY M，1995. Cryopreservation of Semen from Domestic Livestock［J］. Reviews of Reproduction，5（1）：46-52.

FREITAS V J F，BARIL G，SAUMANDE J，1997. Estrus synchronization in dairy goats：use of fluorogestone acetate vaginal sponges or norgestomet ear implants［J］. Animal Reproduction Science，46（3-4）：237-244.

HASLER J F，2003. The current status and future of commercial embryo transfer in cattle［J］. Animal Reproduction Science，79（3-4）：245-264.

JOHNSON L A, 2000. Sexing mammalian sperm for production of offspring: the state-of-the-art [J]. 60-61 (none): 93-97.

KARATZAS G, KARAGIANNIDIS A, VARSAKELI S, et al., 1997. Fertility of fresh and frozen-thawed goat semen during the nonbreeding season [J]. Theriogenology, 48 (6): 1049-1059.

KHALID M, BASIOUNI G F, HARESIGN W, 1997. Effect of Proges - terone Pre - treatmenton steroid secretion rates and follicular fluidinsulin-like growth factor-I concentration sin seasonally anoe - strouse westreated with gonadotro Ph in releasing hormone [J]. Animal Reproduction Science, 46 (1-2): 6-7.

KOCK R A, ORYNBAYEV M B, SULTANKULOVA K T, et al., 2015. Detection and Genetic Characterization of Lineage IV Peste Des Petits Ruminant Virus in Kazakhstan [J]. Transboundary and Emerging Diseases, 62 (5): 470-479.

LU M C, KOJI T, YOSHITAKA N, et al., 2008. The effect of estrus synchronization programmes on parturition time and some reproductive characteristics of Saanen goats [J]. Journal of Veterinary Science, 9 (1): 95-101.

LÓPEZ-SEBASTIAN A, GONZÁLEZ-BULNES A, CARRIZOSA J A, et al., 2007. New estrus synchronization and artificial insemination protocol for goats based on male exposure, progesterone and cloprostenol during the non - breeding season [J]. Theriogenology, 68 (8): 1081-1087.

MARA L, DATTENA M, PILICHI S, et al., 2007. Effect of different diluents on goat semen fertility [J]. Animal Reproduction Science, 102 (1-2): 152-157.

MARTEMUCCI G, D'ALESSANDRO A, TOTEDA F, et al., 1995. Embryo production and endocrine response in ewes superovulated with PMSG, with or without monoclonal anti-PMSG administered at different times [J]. Theriogenology, 44: 691-703.

MENCHACA A, RUBIANES E, 2010. Pregnancy rate obtained with short-term protocol for timed artificial insemination in goats [J]. Reproduction in Domestic Animals, 42 (6): 590-593.

PELLICER-RUBIO M T, LEBOEUF B, BERNELAS D, et al., 2008. High fertility using artificial insemination during deep anoestrus after induction and synchronisation of ovulatory activity by the "male effect" in lactating goats subjected to treatment with artificial long days and progestagens [J]. Animal Reproduction Science, 109 (1-4): 172-188.

SUZUKI T, YAMAMOTO M, OOE M, et al., 1991. Effect of media on fertilization and development rates of *in vitro* fertilized embryos, and of age and freezing of embryos on pregnancy rates [J]. Theriogenology, 35 (1): 278.

电刺激采精

假阴道采精

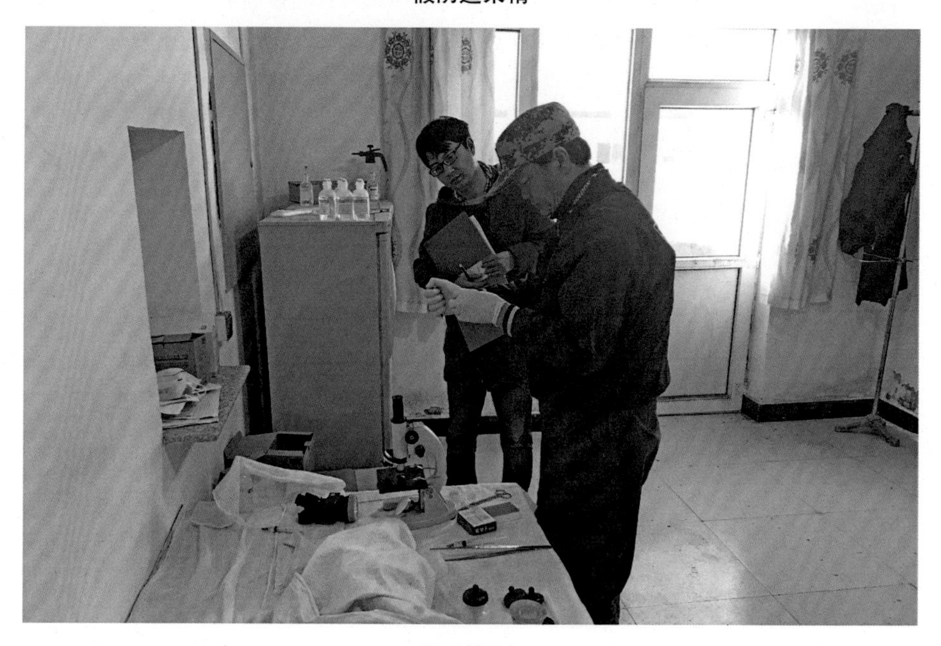

精液检测

精液品质检测

附睾采精实验

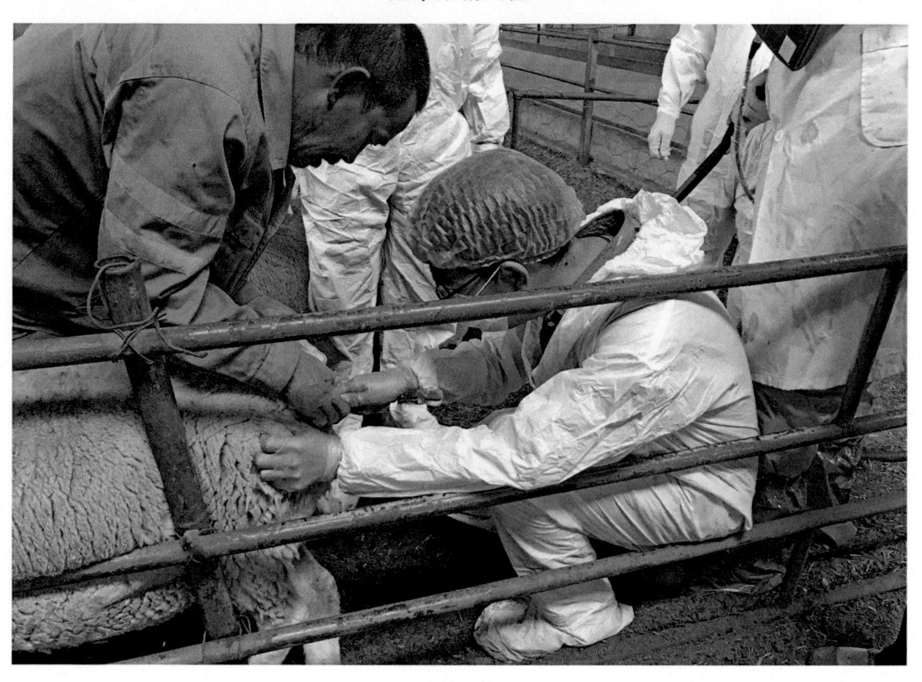

给羊放栓

检测发情情况（一）

检测发情情况（二）

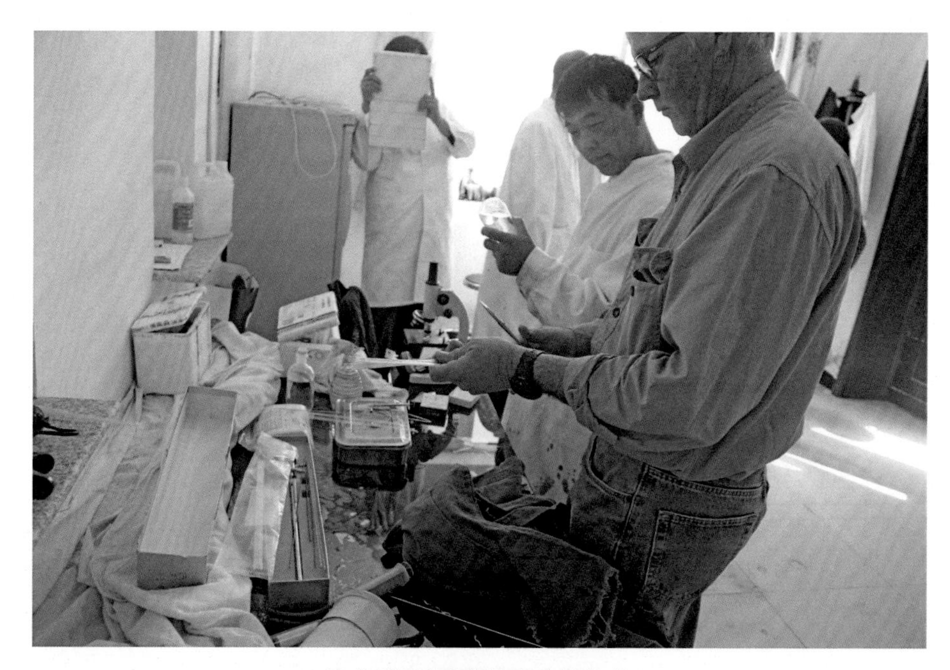

澳大利亚专家指导内窥镜技术

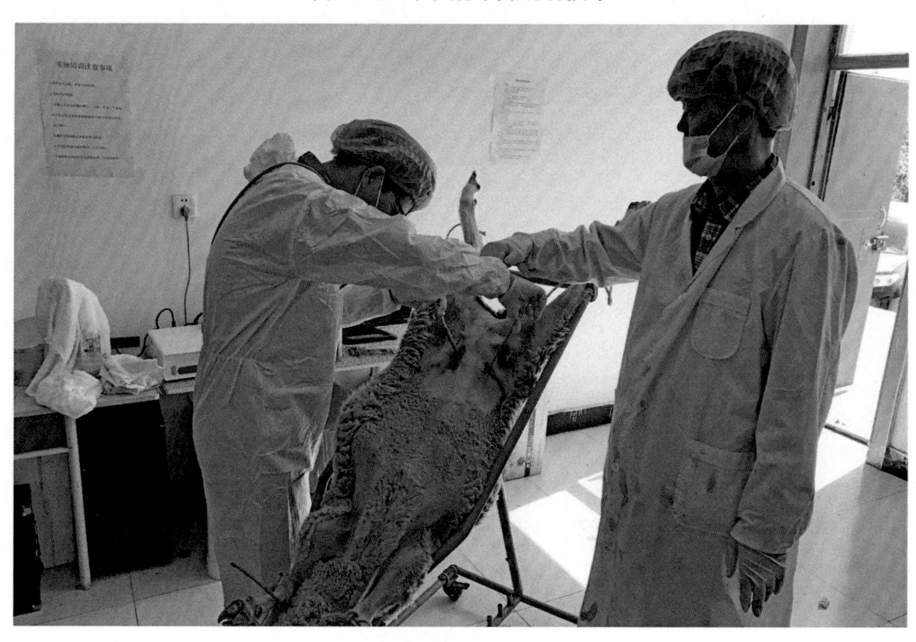

内窥镜技术（一）

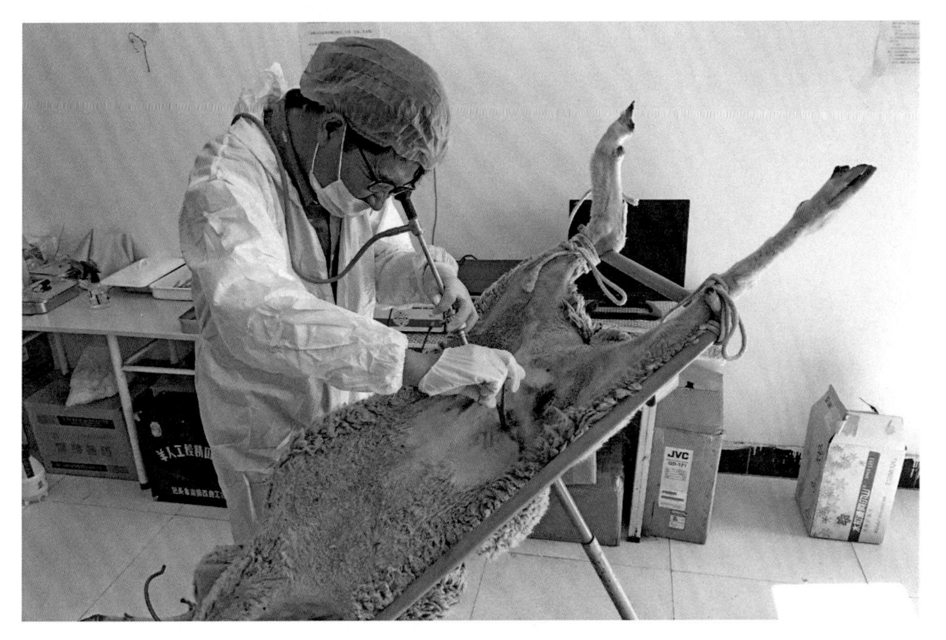

内窥镜技术（二）

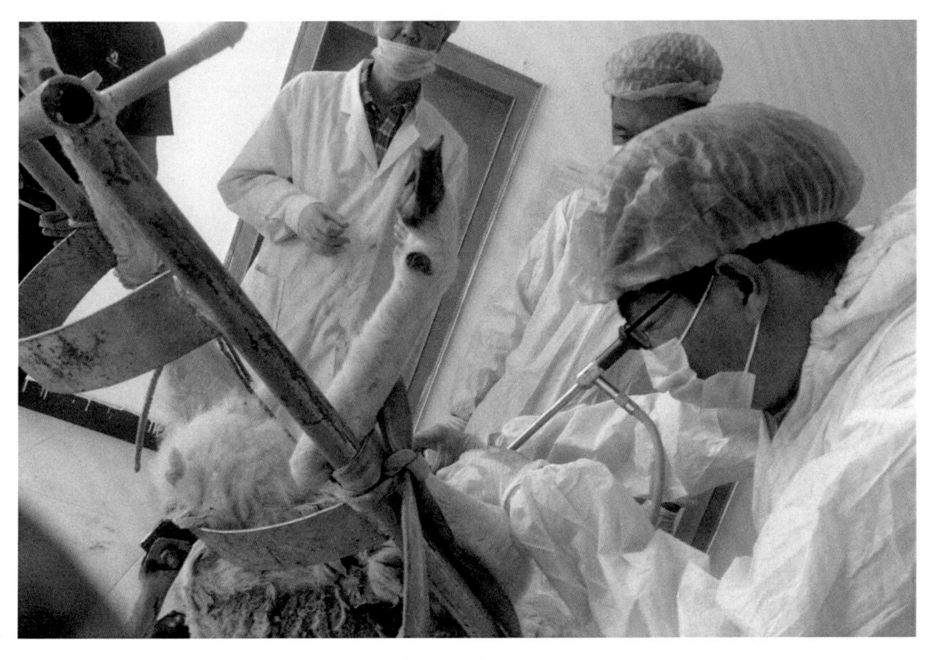

内窥镜的使用

B超检测怀孕情况

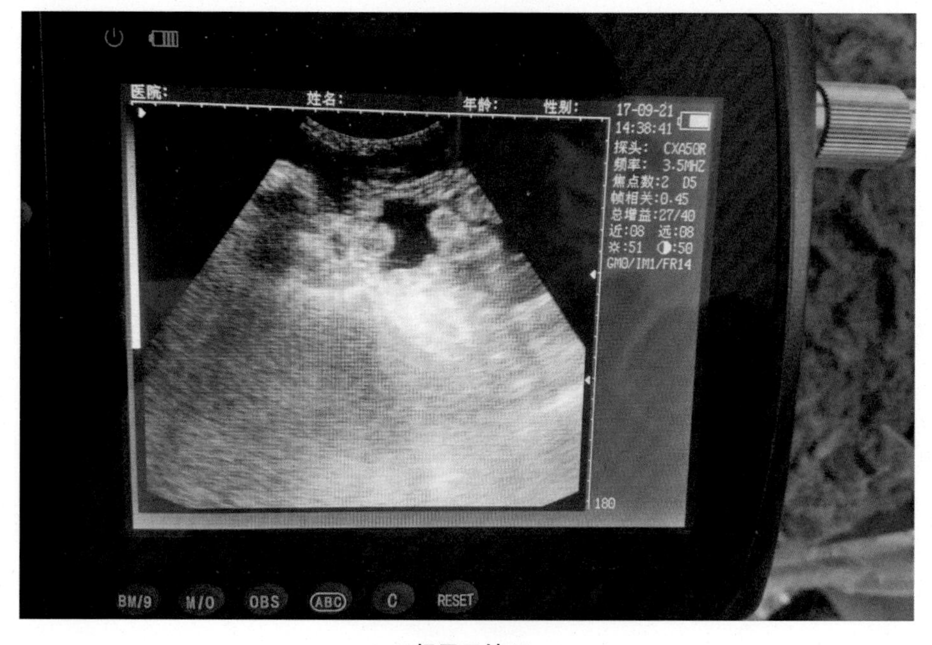

B超显示情况

内窥镜技术产出的羔羊

给羊打耳标

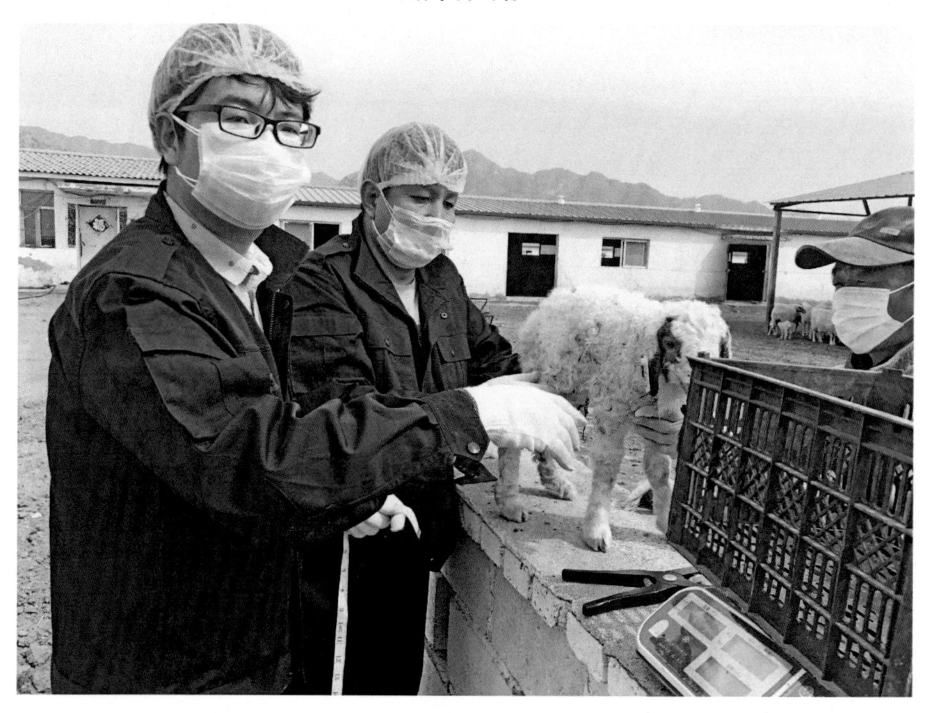

羔羊登记

肉羊称重实验

包头市农牧业科学研究院技术人员与澳大利亚专家进行技术交流

专家向澳大利亚代表介绍肉羊研究情况

专家指导养殖户